やさしく物理

力・熱・電気・光・波

夏目雄平 著

朝倉書店

まえがき

　多くの「物理学入門」書が既に刊行されている状況で，本書を加える理由を述べたい．本書は基礎の考え方の解説を目指しているが，記述の仕方は，やや偏っている．多くの書のように，いきなり「ニュートン力学の運動方程式」ではなく，私たちの手の届く身近な物質の世界が原子・分子の集まりでできていることの説明から始めている．それを通して，各分野の密接なつながりを示すことに努めている．

　今までの入門書には，物理学全体系を「項目として網羅する」ことを目的としたものが多い．物理学のような，ある程度成熟した科目においては，ある項目を論ずると，これにも触れておきたいという項目が，次々に出てくるからであろう．しかし，そのために，駆け足の議論になり，各項目間の関係を描ききれなくなることがある．

　本書では，あえて網羅的な記述はあきらめ，絞り込んだテーマについてその本質に迫り，相互の関係を示して，深い理解を与えることを目的とした．そのため，「○○について載っていない」ということがあるかもしれない．しかし，本書で掲載され，充分にえぐり出したポイントから記載の少ない別なポイントへのつながりがわかれば，それをもとに足場を広げていくことは，楽しさを伴う学習になるはずである．

　本書は，物理学の世界を全15講で描こうという試みである．その内容は千葉大学，千葉工大，放送大学での講義に基づいている．この種の講義は，各大学で開講されているが，ともすれば，専門学科の物理学講義の単なる「縮小版」になりがちである．しかし，それでは，多様な興味を持つ学生の関心をひきつけそれを持続させ，将来のそれぞれの専門科目の理解に役立てることは難しいのではないかと思う．そこで，私は，上で述べたように，項目を網羅することではなく，精選したテーマについて，掘り下げた議論を展開するようにした．そのため，各講義の初めには，身近な道具による演示実験を行ったが，その雰囲気も現れるように，実験の写真も随所に入れてある．

　以上の目的を，充分に達成しているかどうかは読者が判断することであるが，土台となった講義は，たいへん多くの受講生が集まって熱気に溢れるものであったと感じている．私の講義を意欲的に受講して，議論に加わってもらった学生の皆さんに感謝します．また，各地での科学講演において「その説明では，わかりません」という，ある意味で鋭い質問を浴びせていただいた聴講者の皆さんにも，厚くお礼申し上げます．皆さんとの議論の経験が至る所に生きています．

2015年4月

夏目雄平

目　　次

本書で扱う変数の記号・名前・意味・単位 …………………………………… iv

1. 「物理」の基盤 ……………………………………………………………… 1
   1.1 次元と単位　1／1.2 次元の立体格子点表示　2／1.3 示量的変数と示強的変数　3／1.4 力の起因　4／1.5 容器に入れた気体の圧力　6

2. 力学の基本 …………………………………………………………………… 8
   2.1 力と運動の関係　8／2.2 運動とは何か？　8／2.3 曲がりつつ加速する運動への一般化　9／2.4 何の力も働いていない場合の運動　11／2.5 円運動　12／2.6 直線等加速度運動　12／2.7 運動を記述する基礎方程式　13／2.8 摩擦の働きと最終速度　14／2.9 単振動—あらゆる分野の基礎概念—　15

3. 力学エネルギー（作業によって溜まるもの）と摩擦の問題 …………… 16
   3.1 ポテンシャル　16／3.2 2次元の調和振動子　20／3.3 エネルギー概念の有用性　22／3.4 摩擦　22

4. 運動量概念と多質点系の問題 …………………………………………… 24
   4.1 2体問題　24／4.2 多粒子系・多体系　27／4.3 質点系の角運動量　29

5. 固い物体を扱う ……………………………………………………………… 32
   5.1 剛体のつり合い　32／5.2 剛体の運動——ある軸のまわりの回転　34／5.3 連続体剛体の慣性モーメントの求め方　35／5.4 軸のまわりに回転できる円板に糸をかけて両側に重りを付けたときの運動　37／5.5 剛体の角運動量の保存の実験例　37

6. ぶよぶよした物体はどうなる ……………………………………………… 39
   6.1 コンニャクの変形　39／6.2 フックの法則　40／6.3 弾性体に蓄えられるエネルギー　41／6.4 弾性体から流体への道　41／6.5 水の表面張力　44

7. 熱と温度 ……………………………………………………………………… 47
   7.1 気体の記述　47／7.2 時間の流れの向きと「熱力学第2法則」　49／7.3 内部エネルギー　50／7.4 準静的過程　50／7.5 現象論としての巨視的熱力学　52／7.6 比熱，定積変化，定圧変化　52／7.7 断熱変化と等温変化　53

8. 熱学の展開——エントロピー概念の導入 ………………………………… 56
   8.1 理想気体の等温膨張　56／8.2 膨張の前後で変わるもの　57／8.3 熱学の進展がもたらしたもの　58／8.4 外部からの熱によって動く熱機関として——カ

ルノーサイクル　*59*／8.5　カルノーサイクルでのエントロピーの変化　*62*／8.6　エントロピー増加過程　*63*

9. 波の表現 ……………………………………………………………… *65*

9.1　模様が進む　*65*／9.2　進む模様の記述　*66*／9.3　弦の振動　*67*／9.4　音　*69*／9.5　ホイヘンスの原理　*70*／9.6　うなりの概念　*70*／9.7　進んでいる2つの波のうなりと群速度の概念　*71*

10. 光の世界に住んでいる私たち …………………………………… *73*

10.1　回折　*73*／10.2　屈折　*74*／10.3　散乱　*76*／10.4　干渉　*74*／10.5　物を見るとは何か——乱反射の重要性　*79*／10.6　偏光　*79*／10.7　光と熱　*81*

11. 静電気——電荷が止まっている場合の性質 …………………… *82*

11.1　クーロン力　*82*／11.2　静電気実験　*82*／11.3　電位　*84*／11.4　電場　*84*／11.5　コンデンサー　*85*／11.6　静電遮蔽　*88*

12. 定常電流——電荷の流れを制御しよう ………………………… *89*

12.1　結晶　*89*／12.2　電池　*89*／12.3　オームの法則　*91*／12.4　抵抗率　*91*／12.5　ジュール熱　*92*／12.6　電気ヒーターで暖めることとエントロピー発生の関係　*93*／12.7　抵抗の接続——並列と直列　*94*／12.8　抵抗が電圧に比例しない系——電球　*95*／12.9　非定常な系への適用——コンデンサーへ充電した電荷を抵抗に流すと　*95*

13. 電荷の動きは磁界を生む ………………………………………… *97*

13.1　磁石の作る磁界　*97*／13.2　電荷の動きが磁場を作る　*98*／13.3　磁場と磁束密度　*99*／13.4　ローレンツ力　*99*／13.5　モーターへの道　*100*／13.6　フレミング左手の法則を表す外積の式　*101*／13.7　荷電粒子の真空中での運動　*101*／13.8　電磁誘導　*101*

14. 電荷の回路中の電気振動が生む永遠の世界 …………………… *105*

14.1　電気振動回路　*105*／14.2　回路の電荷・電流を記述する方程式　*105*／14.3　変動は繰り返す　*106*／14.4　電気的な単振動　*107*／14.5　CとLを小さくしていった極限——真空の励起へ　*109*／14.6　変位電流　*110*／14.7　光　*113*／14.8　光は横波　*114*／14.9　私達の宇宙「真空」の誕生　*114*

15. 私たちのまわりにある本当の世界？ …………………………… *115*

15.1　回路中を流れる電子の速さ　*115*／15.2　ポインティングベクトル　*116*／15.3　電磁気学から量子力学の世界へ　*118*／15.4　物の在り方　*122*

あとがきにかえて ………………………………………………………… *125*

索　引 ……………………………………………………………………… *129*

本書で扱う変数の記号・名前・意味・単位

本書では，物理学で扱う変数について，下記のように取り扱う．右欄の「次元」については，1章で述べるように，ある物理量の持つ単位とその次数がその物理量を明確

記号	名前	意味	MKSA 単位	次元				
				長さ	時間	質量	温度	電流
ω	角振動数	単位時間あたりの円周回転角	1/s		-1			
ν, f	振動数	単位時間あたりの回数	1/s		-1			
λ	波長	長さの一種	m	1				
k	波数	円周の長さ 2π あたりの波の数	1/m	-1				
T	周期	時間の一種(振動数の逆数)	s		1			
x	位置(距離)	基本単位	m	1				
v	速度	距離の時間についての変化率	m/s	1	-1			
a, α	加速度	速度の時間についての変化率	m/s^2	1	-2			
p	運動量	質量×速度	kg·m/s	1	-1	1		
F_t	力積	力×時間	N·s=Kg·m/s					
m	質量	基本単位	kg			1		
V	体積	長さの平方	m^2	3				
A	面積	長さの立方	m^3	2				
F	力	質量×加速度	N	1	-2	1		
γ	表面張力	単位長さあたりの力	N/m		-2	1		
P, p	圧力，張力	単位面積あたりの力	Pa=N/m^2	-1	-2	1		
g	重力加速度	加速度の一種	m/s^2	1	-2			
θ	角度	円の弧の長さと半径の比(無次元)						
E	ヤング率	伸びの割合を与えるのに必要な張力	Pa	-1	-2	1		
k	バネ定数	単位長さあたりの力	N/m		-2	1		
W	仕事	力×長さ	J	2	-2	1		
W/t	仕事率	単位時間あたりの仕事	W(ワット)=J/s	2	-3	1		
E	エネルギー	仕事によって蓄えられるもの	J	2	-2	1		
μ	摩擦係数	摩擦力と抗力の比(無次元)						
N	力のモーメント	力×長さ	N·m	2	-2	1		
Q	熱量	エネルギー	J	2	2	1		
C	比熱	温度あたりの熱量	J/K	2	-2	1	-1	
R	気体定数	エネルギー/温度	J/K	2	-2	1	-1	

に物語っていることから，ここに挙げている．たとえば「力」の次元は長さ・質量・(時間)$^{-2}$ であるが，これは質量に加速度をかけたものであって，そのこと自体が，ニュートンの運動の法則となっている．ただし，次元に現れる変数の他に，一定に保つ量が重要な条件になっていることも多いので，実際の操作を考える場合は注意しよう．

記号	名前	意味	MKSA 単位	次元				
				長さ	時間	質量	温度	電流
k_B	ボルツマン定数	エネルギー/温度	J/K	2	-2	1	-1	
T	温度	基本単位	K				1	
S	エントロピー	熱量/温度	J/K	2	-2	1	-1	
H	エンタルピー	エネルギー	J	2	-2	1		
F	ヘルムホルツの自由エネルギー	エネルギー	J	2	-2	1		
G	ギブスの自由エネルギー	エネルギー	J	2	-2	1		
Q, q	電荷	電流×時間	C（クーロン）		1			1
E	電場（電界の強さ）	電圧の勾配（空間についての変化率）	V/m=N/C	1	-3	1		-1
C	静電容量，電気容量	単位電圧あたりの電荷量	F（ファラッド）	-2	4	-1		2
V	電圧	単位電荷あたりのエネルギー	V	2	-3	1		-1
R	抵抗	単位電圧あたりの電流	Ω（オーム）	2	-3	1		-2
ρ	抵抗率	単位長さあたりの単位断面積を持つ導体の抵抗	Ω·m	3	-3	1		-2
τ	時定数	時間の一種	s		1			
I	電流	単位時間あたりの電荷量	Amp（アンペア）=C/s					1
q_m	磁荷，磁束	単位電流あたりのエネルギー	Wb（ウエーバー）	2	-2	1		-1
H	磁場（磁界の強さ）	ある距離の位置で感じる電流	Amp/m=N/Wb	-1				1
B	磁束密度	単位面積あたりの磁束	T（テスラ）=Wb/m^2		-2	1		-1
μ	透磁率	単位長さあたりのインダクタンス	Wb/(Amp·m)	1	-2	1		-2
ε	誘電率	単位長さあたりの電気容量	F/m	-3	4	-1		2
L	電磁誘導係数，インダクタンス	単位の磁束変化率についての電圧発生量	H（ヘンリー）	2	-2	1		-2
c	光速	速度の一種	m/s	1	-1			
P	ポインティングベクトル	電場・磁場が単位断面積を通して運ぶ仕事率	W/m^2		-3	1		
h	プランク定数	単位振動数あたりのエネルギー	J/s	2	-1	1		

1 「物理」の基盤

物理学とは何かという定義は難しい．現在では，「自然界の仕組みを，実験によりどころにして，出来る限り，数学的な表現で，構成していこうという人間の試みのこと」という言い方をされることが多い．表現されたものが，どこまで「自然本来のナマの姿」で，どこからが「人間の決めたルール」か？ という問題は実は大変，決めにくい．両者には深い関係があって，中間的なものも多々ある．さらには，「自然は，人間の理解手順を模倣する」という面もある．これらの問題は，古典物理学から量子物理学を通して，考えていくべきテーマであるが，今の時点で，それをきちんとさせないと前に進めないというものでもない．また，「人間の試み」であるとすれば，物理学の定義とはそれが出来た時点で，終焉を迎えることになるとも思える．このあたりの課題については，本書の最後にまた触れることにしよう．

1.1 次元と単位

物理学は法則が方程式の形で与えられている．もちろん，これで，自然界のすべてが表されるわけでない．しかし，数学的表現のおかげである条件のもとでは，最も的確な情報を与えてくれる．

ここでいう，数学的表現とは物理量の間の関係を示す方程式である．もちろん物理量自体の定義も，次のような方程式で表されることが多い．

$$A = B \qquad [1.1]$$

ここで，方程式の等号で結ばれた左右の項 A, B は必ず次元が等しい．その同じ次元のなかで関係を議論出来ることを言っている．このようにして，物理学とは，自然界を，次元を持った量で表現し，それらの間の関係を，数学を使って論じ，実験結果との比較を行って検証してゆく行為と言うことが出来る．

次元はいくつかの基礎次元の組み合わせ（掛け算・割り算）である．力学では，長さ（ℓ【m】），時間（t【s, sec】），質量（M【kg】）の3つである．熱力学には，そこに，温度（T【deg〈度〉】）という基礎次元が加わる．なお，系を構成する最小単位の粒子として分子を扱う場合は，分子集団の単位としてモル（M【mol】）を使うことになる．これは分子数のアボガドロ数に対する比なので，無次元である．電磁気学は，力学の基礎次元に，電流（アンペア【A, 本書では Amp と表記】）という基礎次元が加わる．

さらに，ここへ光度に関する単位（カンデラ【cd】）を加えたものを国際単位系というが，詳しい議論は省略する．なお，長さ（ℓ【m】），時間（t【sec】），質量（M【kg】），

電流(アンペア【A】)の4つの単位の取り方はMKSA単位系と呼ばれている.

種々の物理量は,これらを組み合わせていくので,作られる次元は,極めて沢山ある.また,次元を持たない,無次元という量も当然あり,重要なものも沢山ある.

1.2 次元の立体格子点表示

ここで,力学に出てくる物理量を,x軸が長さ(m),y軸が時間(s),z軸が質量(kg)を与える3次元空間に,格子点として表示して立体図を作ってみよう[*1]. それぞれの基本単位のn乗を軸上のnに対応させる.nはマイナスのこともある.例えば,y軸において,負の方向に1下がることは,s^{-1}を付けることを意味し,単位時間あたりという量にする操作を表すことになる.

長さ軸では正方向に
　長さ→面積→体積
時間軸では負方向に
　時間(周期)→振動数
長さの点から下方向に
　長さ→速さ→加速度
となっていく.

質量Mを考えると,運動量,力となってゆく.いろいろな力学量をここへ記入する

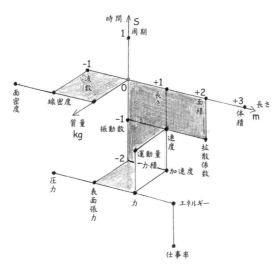

図 1.1 物理量を次元で構成された立体の格子点という表示をして見えて来るものは?

[*1] このような次元を立体グラフで表現する方法については,夏目雄平,小川健吾『計算物理 I』(朝倉書店)で詳しく議論されている.

と興味深い．例えば，力 ($x=1, y=-2, z=1$) を時間をかけて ($x=1, y=-1, z=1$) とすると，上方向に一つずれて運動量に一致する．これは力とその力が働く時間の積（力積と呼ぶ）が運動量の変化を与えるという力学の法則の存在を意味している．

また，速度の次元に1つ長さの次元をかけると「面積増加速度」になるが，これには「拡散係数」があたっている[*2]．圧力は力に長さのマイナス2乗をかけたもの（単位面積あたりの力）であるが，これはエネルギーに長さのマイナス3乗をかけたもの（単位体積あたりのエネルギー）でもある．実際，圧力は，エネルギー密度という側面を持っている．液体の表面現象で重要な，表面張力は，単位長さあたりの力になっているのは当然であるが，これは，エネルギーの面密度にもなっている．実際，表面張力は，表面という面に関する，エネルギー面密度と解釈した方がよい場合がある[*3]．

1.3 示量的変数と示強的変数

さて，物理学で扱う，「量」には示量的変数と示強的変数の2種類がある．対象とする系を2倍にした際に2倍になるものを示量的変数といい，不変なものを示強的変数という（図1.2）．示量的変数を示量的変数で割ったもの，例えば，数密度は後者である．また，熱量は示量的であり温度は示強的である．密度は単位体積あたりの質量なので当然であるが，温度が示強的変数というのは深い意味がある．密度

図 1.2 ラーメンを大盛にしても温度は変わらない．でもカロリーは増える．

量以外の示強的変数にこそ，真性示強変数という名前を付けることにするが，そのあたり定義の仕方の問題もある．例えば，電磁気学では，磁場 H という磁気な相互作用によって作られる場の強さを表す量は（真性）示強変数である．そして，物質中でそれに比例する量として磁束密度 B を導入しているが，その場合，わざわざ示量変数である磁束 Φ というものを考えて，それの密度として示強的変数としての磁束密度 B を与えている．つまり，真性示強変数であるか単なる示強的変数であるかは，人間による定義の問題が含まれることがある．磁束密度 B の場合，束を面積で割って，束密度という量にして，真性示強変数である磁場 H の効果を「自然な表現」にしたのであろう．

[*2] 拡散係数も統計力学などで重要な量であるが，本書では扱わない．
[*3] 夏目雄平『やさしい化学物理—化学と物理の境界をめぐる—』（朝倉書店）の12章を参照されたい．

1.4 力の起因

1.4.1 質量による力

我々は地球の表面に生きており,力というものは重力として感ずる場合が多い.この重力は,ある物体を,地球全体が引力として引っ張っているものである.これは万有引力と呼ばれるもので,質量 m_1, m_2 の物体が距離 r 離れていると,大きさは,

$$F = G\frac{m_1 \cdot m_2}{r^2} \qquad (1.2)$$

として記せる. G は重力定数と呼ばれていて,

$$G = 6.67 \times 10^{-11} \ \mathrm{Nm^2 \cdot kg^{-2}} \qquad (1.3)$$

である.単位 $\mathrm{Nm^2 \cdot kg^{-2}}$ については,次章で説明する.ともかく,これは,次に述べる電気的な力に比べて極めて小さい.しかし,地球全体を考えるような場合は,重要な寄与をする.例えば,我々が地球表面で感じている重力がそれである.

実際,ここで,片方を地球として,距離を地球の中心からの距離としたものが,重力であって,大きさは,

$$F = mg \qquad (1.4)$$

と書ける.方向は鉛直下向きである.この g は重力加速度と呼ばれていて

$$g = 9.8 \ \mathrm{m \cdot s^{-2}} \qquad (1.5)$$

である.単位 $\mathrm{m \cdot s^{-2}}$ については次章で説明する.

1.4.2 電荷による力

a. 原子 物質はすべて原子によって作られている.原子の種類は 100 から 110 程度である.すべては,この原子の組み合わせなのである.

原子は中心にプラスの電荷を持った集団である原子核があり,その周辺部にマイナスの電荷を持った電子がある.電子の存在は量子力学で記述されるべきであるが,ここでは「まわっている」と表現しておく.

原子核は正の電荷を持っており,それと同じ数の電子がまわりを回っている.電子が1つだけの原子は水素,2つがヘリウムである.この電子の数を原子数という.原

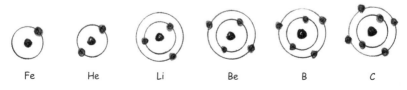

図 1.3 原子の模式的表現:例として,H, He, Li, Be, B, C をあげておく.原子核のまわりを電子がまわっている.

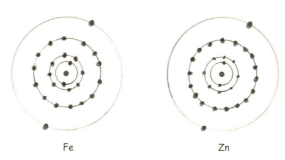

図 1.4 鉄原子,亜鉛原子の模式的表現

子数 3 がリチウムで,以後,原子い数の増加ともに,ベリリウム,ホウ素,炭素,窒素,酸素,フッ素,ネオン,……と現れてくるが,せいぜい 110 程度が限界である.この世界の多様性が,この程度の数の原子の組み合わせで私たちの世界が生まれていることに驚く.ここで,「この回っている」状態には,軌道という定まったものがあるが,光などの何らかの刺激によって,自分の属する原子核の影響範囲から飛び出してくることがある.そのような状況では,電子の密度の高い部分と,低い部分が出来,その領域は,マイナスあるいはプラスの電気を帯びることになる.私達のまわりには多くの物質が様々な振る舞いをしているが,そのほとんどが,これらの電気的な作用である.

金属原子の代表として,図 1.4 に鉄原子と亜鉛原子を示す.一番外側の軌道に 2 つしか電子がいない.

このように,金属原子は一番外側の電子が原子から離れて自由に動き回る傾向を持つため,金属原子の凝縮体(結晶)は電気を伝える伝導体となっている.また,溶液中では,原子自体から外側の電子が離れて,イオン化することが多い.そのようなイオンは正の電荷を持つのでプラスイオンという.特に亜鉛については,12 章の化学電池のところでイオン化について触れる.

さらに,非金属原子の代表として,フッ素原子,塩素原子を図 1.5 に示す.

これらはハロゲン原子と呼ばれていて,一番外側の軌道が電子を 1 つだけ収容する傾向がる.それは,2 番目の軌道もしくは,3 番目の軌道が電子を 8 個収容して安定化するためである.そのため,溶液中では,

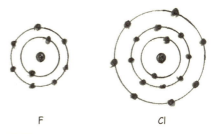

図 1.5 フッ素原子,塩素原子の模式的表現

電子を1個，余計にとりこんで，マイナスイオンになりやすい．

b. クーロン力 このような正電荷と負電荷の分離傾向を背景にして，電荷と電荷の間に働く力，クーロン力（C）について述べる．

電荷と電荷の間には電気的な力が働く．それは距離の二乗に反比例している．電荷の符号が異なると引力，同じだと斥力である．

$$f(r) = \frac{1}{4\pi\epsilon_0} \cdot \frac{Q_1 \cdot Q_2}{r^2} \qquad \boxed{1.6}$$

ここで，ϵ_0 は真空誘電率と呼ばれ，$8.85\times10^{-12}\,C^2/(N\cdot m^2)$ である．C は電荷の単位クーロンである．これらの単位 $C^2/(N\cdot m^2)$，C については，11章で説明する．単位系でいうと，電流という基本単位に時間をかけた Amp·s である．なお，電子は $-e=-1.62\times10^{-19}\,C$ という負の電荷を持っている．これを電気素量という．また，陽子は $+e=1.62\times10^{-19}\,C$ という正の電気素量電荷を持っている．物理学では，過去長い間，この電気素量を基本単位にする単位系を使ってきた．電気現象だけの場合は，直観に近いと言えるが，磁気現象についての扱いとの関連が複雑になるため，現在では，使われなくなった．電流については12章で扱い，磁気現象に関しては13章で扱う．

1.4.3 物体が持つ弾性力

さて，私達が力と呼んでいるものは，重力のほかに，バネ，筋肉などが，伸び縮み（変形）する際に発生する力もある．この物体により生まれる力は，弾性力と呼ばれる．上で述べたように，物体はすべて原子から出来ていて，つまり正電荷の原子核と負電荷の電子から出来ている．これらの電荷に，何らか原因で，ズレが起こった際に，電荷間にクーロン力が働くので，結局，弾性力も実は電荷の力が原因になっている．

1.5 容器に入れた気体の圧力

気体を，例えば，シリンダーのような容器に入れ，それをピストンで押して圧縮すると，激しく押し返す力が感じられる．図1.6を見てほしい．

この力の正体は，激しく運動してぶつかり合っている気体分子の集団を容器に入れたため，分子が壁にぶつかって跳ね返っている結果，壁が受ける衝撃である．当然，時間的なゆらぎがあるはずであるが，分子の数が極めてたくさんであるため，常に一定な力として扱える状況にある．これは，壁の持つ面積を考え，単位面積あたりの力として「圧力」を使って議論される．この場合，方向による違いはない．これを「等方的に働く力」という．これに関しては7章で論じる．

ところで，図1.7のように，シリンダーに入れた分子集団としての気体が，ピストンを押すという設定で，圧力を考えてきたが，シリンダー内が実は，図1.6のように，バネであったとしてもよい．この場合，力の原因は電荷間のクーロン力である．つま

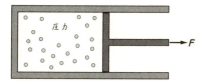

図 1.6 気体が押し返すことで圧力を感じる.

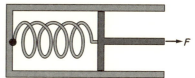

図 1.7 ピストンをシリンダーの内側から押しているものがバネであってもよい.

り，このことは，力の原因によらず，単位面積あたりの力として圧力というものが考えられることを意味している．

力の根源として，万有引力と電気的クーロン力を紹介したところで，この序章を終わることにする．力の存在に基づいて，それを受けて，物体が力を受けて運動するありさまを議論する体系を「力学」という．次章，2章から6章までの5つの章は「力学」を扱おう．また，圧力という分子集団に起因するものについては7, 8章の熱力学で議論する．

2 力学の基本

　私たちのいる空間は3次元である．そのため，位置を表すには，原点からの大きさ（距離）と方向が必要である．一般に，大きさと方向を持つものをベクトルという．位置 x のほかに，その点にいるものが動く際の速度 v もまた大きさと方向を持っている．つまり，物体の運動を考える際には，ベクトルを扱うことになる．ただし，議論を簡単にするために1次元系を扱う場合もある．この場合は単なる数である．

　また，1章ではとりあえず物体と言っていたが，この2章，次の3章では運動するものの大きさは考えず，点として見なせるとする．ただし，質量は持っている．このような質量 M を持った点を質点という．質点とは，大きさが無いのではなく，我々が注目しているスケールでは，質量以外の内部の自由度は考えないような状況の物体をいう．

2.1 力と運動の関係

　手に持った物体を離すと地面に向かって落ちていく．このことから，力 F によって，その方向に，物体は運動をはじめる，という描像は根強いものがある．しかし，物体を止めようとする場合も，力 F が必要なことに気がつく．その場合，力は運動の方向とは逆である．F の方向と v の方向は必ずしも一致していない．注意深く観察すると，力 F は速さ v を変えていることに気がつく．

2.2 運動とは何か？

　そこで，物体の運動を，位置，速度，加速度という立場で記述してみよう．
　ここでは，簡単のため，物体の動きを，1次元の空間座標 x 上で時間とともに動く

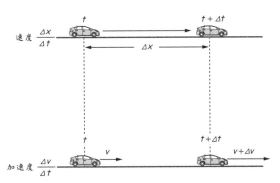

図 2.1　物体の運動の記述．時間の進みによる位置の変化が速度を与え，時間の進みによる速度の変化が加速度を与える．

ものとしてとらえよう．ある距離 Δx 進むのに要した時間 Δt によって，速さ v というものがその比 $\Delta x/\Delta t$ として表される．その比を t を限りなく小さく，ゼロに取った極限として定義したものが微分であって，

$$v = \lim_{\Delta t \to 0} \frac{\Delta x}{\Delta t} = \frac{dx}{dt} \qquad \text{2.1}$$

と表記する．この操作によって v がある点 x で決まる量として表されることになる．そして，速さ v をある大きさ Δv 変えるのに要した時間を Δt とし，その比を加速度 a として表す．ここでも，その比を Δt を限りなく小さく取った極限として定義したものが微分であって，

$$a = \lim_{\Delta t \to 0} \frac{\Delta v}{\Delta t} = \frac{dv}{dt} \qquad \text{2.2}$$

と表される．これらは，

$$a = \frac{d^2 x}{dt^2} \qquad \text{2.3}$$

という 2 階微分を意味している．

（数学的説明） 微分

時間 t の関数 $f(t)$ があると，時間を h だけ進めた際の関数の変化 $\{f(t+h)-f(t)\}$ を h で割った「変化の比」$\{f(t+h)-f(t)\}/h$ を定義できる．これは t と h の関数である．この「変化の比」において，h をゼロに近づけた極限を微分といい，$f'(t)$ または df/dt で表す．

$$f'(t) = \frac{df}{dt} = \lim_{h \to 0} \frac{f(t+h)-f(t)}{h} \qquad \text{2.4}$$

これは t のみの関数で，t における速さ $v(t)$ を示している．なお，距離 x の変数 $g(x)$ についても，$\{g(x+h)-g(x)\}/h$ が定義でき，h をゼロにする極限としての微分も考えられる．これは x における「勾配」である．さらに，微分されてできた新しい関数 $f'(t)$ においても，$\{f'(t+h)-f'(t)\}/h$ を求めて h がゼロの極限を取った関数が考えられる．それが 2 階微分であって，$f''(t)$，または d^2f/dt^2 と記す．

2.3 曲がりつつ加速する運動への一般化

ここから次元を増やして 2 次元にしよう．運動をベクトルで考えることになる．そのため，力 $\boldsymbol{F}$ および，速さ $\boldsymbol{v}$ は大きさだけでなく，方向も持つことになる．そこで 2 次元（3 次元においても）での速さについては，「速度ベクトル」という言葉を使うことにしよう[*1]．そこで，図 2.2 左図の軌道図ように，左へ回り込みつつ，加速す

[*1] 次節以降，「速度ベクトル」を単に「速度」という場合もある．このとき同様に「加速度ベクトル」も「加速度」ということにする．ベクトルの記号はボールド体（太字）で表されるので注意されたい．

10 2. 力学の基本

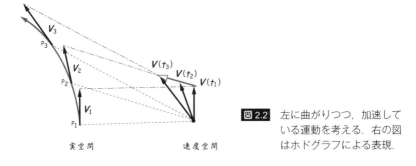

図 2.2 左に曲がりつつ，加速している運動を考える．右の図はホドグラフによる表現．

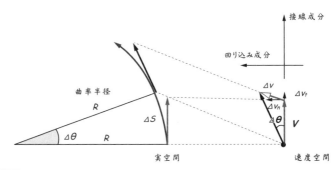

図 2.3 物体の運動を速度空間で表示してみよう．速度ベクトルを平行移動して始点を一点に集める曲がり方を表すカーブの径を曲率半径という．

る質点を考える．

　速度ベクトル v は時々刻々方向と大きさを変える．そこで，各時刻での速度ベクトル $v(t)$ の始点を一致させて，そこから回転しつつ成長する有り様を考える．この速度空間での $v(t)$ の動きを「ホドグラフ」による表記と言う．

　身近な例としては，自転車でペタルをこぎながら，左へ曲がる状況を想像してほしい．時間とともに，速度ベクトル v が長さを伸ばしつつ左折する．その速度変化ベクトルを Δv とする．それを使って，加速度を

$$a = \lim_{\Delta t \to 0} \frac{\Delta v}{\Delta t} \qquad (2.5)$$

と微分形に表記する．

　図 2.3 のように，速度ベクトル v を成分で分解しよう．ここでは，回り込み成分（法線成分，normal）と真っ直ぐに進む成分（接線成分，tangenthal）に分けてみよう．

2.3.1 回り込み成分

まず，実空間での弧は

$$\Delta s = R\,\Delta\theta \qquad (2.6)$$

であり，対応する速度ベクトル変化の回り込み成分はホドグラフより
$$\Delta v_n = v\, \Delta\theta \tag{2.7}$$
である．以上の2式から
$$\Delta v_n = v \frac{\Delta s}{R} \tag{2.8}$$
を得る．そこで，回り込み加速度の大きさ a_n は
$$a_n = \lim_{\Delta t \to 0} \frac{\Delta v_n}{\Delta t} = \lim_{\Delta t \to 0} \frac{v}{R}\frac{\Delta s}{\Delta t} = \frac{v}{R} v = \frac{v^2}{R} \tag{2.9}$$
が得られる．ここで，$\Delta s/\Delta t$ が $\Delta t \to 0$ の極限において，v そのものであることを使った．「曲がる」とは，ある半径の円弧を描くことを意味する．

2.3.2 真っ直ぐに進む成分

これは文字通り「単刀直入」なので，簡単で，大きさが，
$$a_t = \lim_{\Delta t \to 0} \frac{\Delta v_t}{\Delta t} = \lim_{\Delta t \to 0} \frac{1}{\Delta t}\frac{\Delta s}{\Delta t} = \frac{d}{dt}\left(\frac{ds}{dt}\right) = \frac{d^2 s}{dt^2} \tag{2.10}$$
が得られる．

2.3.3 ま と め

これらをまとめる．
$$a_n = |\boldsymbol{a}_n| = \frac{v^2}{R}, \qquad a_t = |\boldsymbol{a}_t| = \frac{d^2 s}{dt^2} \tag{2.11}$$

ここで，実際の図では，ここからのズレがあることに気がつく．しかし，微分という操作は Δt がゼロになる極限を意味しており，ズレはこの操作で消えてしまう．微分とは $1/\Delta t$ が消えない寄与のみを残す演算なのである．これを微小変位の方法とも呼ぶ．

数学的説明　ベクトル

> 2次元の面，3次元の空間では，大きさと方向を持ったものとしてベクトルが定義出来る．1次元（直線）では方向は符号の正負によって表現出来るのでベクトルとは言わない．ベクトルは太字（ボールド字体）で表記される．このベクトル表記に絶対値記号をつけたものはそのベクトルの大きさを表す．これはゼロか正の「数」である．

2.4　何の力も働いていない場合の運動

これは，あらゆる方向に対して，加速度がゼロを示すだけであって，静止していることを言ってはいない．つまり，質点は等速運動をする．静止も含まれるが，それは一例である．等速運動をしている座標系を作ると，その座標系では静止しているので，静止して見える座標系が作れるというべきかもしれない．さて，一般に等速運動は，運動の方向を y として，

$$\frac{dy}{dt} = C \tag{2.12}$$

で表される．この解は

$$y = Ct + D \tag{2.13}$$

である．ここで，積分定数 D, C を $C = v_0$, $D = y_0$ と置くと，

$$y(t) = y_0 + v_0 t \tag{2.14}$$

となる．

> **数学的説明　微分方程式**
>
> 微分の形を含んだ式を微分方程式という．本書に出てくる微分方程式では，微分の逆演算である積分によって簡単に解ける．解いた場合，定数が出てくる．これはある時点（点）での値という条件で決められる．変数の始点（例えば $t=0$）である初期条件を使って決めることが多い．式 (2.14) では y_0 は $t=0$ での y の値，v_0 は $t=0$ での v の値である．

2.5　円運動

長さ R の糸の先に質点を付けて回すと，原点からの距離が R に固定されていて，回り込み成分のみとなる．運動は，その原点を中心とする円運動になる．

この場合，式 (2.11) の第 1 式より加速度は常に中心に向き，大きさは v^2/R である．このような，質点の回転運動においては，単位時間に回る角度を角速度 ω という[*1]．

また，質点の速度の大きさ v は

$$v = R\omega \tag{2.15}$$

とも記せる．

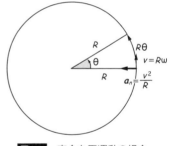

図 2.4　完全な円運動の場合．

ここで，速度ベクトルの方向は変わっているが，大きさが一定とすると，等速円運動となる．

2.6　直線等加速度運動

さて，糸を付けて，回り込み運動をさせたりしないで，質点を真っ直ぐに加速度運動をさせてみよう．ここでは加速度は方向も大きさも一定とする．運動方向を x と

[*1]　角度は一回りで 2π である．そのため，一回りを一回と数える「振動数」ν を定義すると，$\nu = \omega/2\pi$ の関係がある．

図 2.5 重力場での物体の運動は放物線で記述される．式 (2.16) では $v_{y0}=0$, $y_0=0$ と置いている．x 方向へは等速運動をしている．

する．加速度を α とする．式 (2.11) の第 2 式を積分すると，

$$\frac{dy}{dt}=\alpha t+v_{y0} \qquad \boxed{2.16}$$

を得る．さらに積分すると，

$$y(t)=\frac{1}{2}\alpha t^2+v_{y0}t+y_0 \qquad \boxed{2.17}$$

になる．

ここで，α を重力加速度 g としたものが，重力場の鉛直方向運動である．鉛直方向下向きが $+y$ 方向となる．それへの拡張は容易である．さらに，水平方向（$+x$ 方向とする）への運動として，何の力も働いていない，等速運動を与えた場合，鉛直方向運動と水平運動が重なって，放物線を描く運動をする．$v_{y0}=0$ の場合（いわゆる水平発射）を図 2.5 に示す．

2.7 運動を記述する基礎方程式

力 F は，物体の加速度に比例するものである．それによって，速度 v が変わっていく．物体の運動には勢いがある，と感じる．その勢いの一部を担っているものは速さ v である．

2.7.1 運動方程式

そこで，運動を記述する基礎方程式として，

$$F=m\frac{dv}{dt}=m\frac{d^2x}{dt^2} \qquad \boxed{2.18}$$

を考えよう．これはニュートンによって提案された運動を表す方程式で，運動方程式と呼ばれている．この式の比例定数 m が物体の質量である．

加速度の表記から力の表現へ 円運動の場合，加速度に質量をかけたものが力なので

$$f=m\frac{v^2}{R} \qquad \boxed{2.19}$$

となる．この力は常に中心を向いている．その大きさは

$$f = mR\omega^2 \qquad (2.20)$$

である.これは等速円運動において力と角速度を関係づける重要な式である.

直線等加速度運動の場合は,2.6節の議論は変わらない.加速度 α が

$$\alpha = \frac{F}{m} \qquad (2.21)$$

になっている.

2.8 摩擦の働きと最終速度

現実の世界では摩擦がある.例えば,雨は重力によって落下するが,地上付近では,ほぼ等速で落ちている.これは空気による摩擦のためである.摩擦は,運動を妨げる働き,すなわち抵抗をしている.物体が分子へぶつかることによって生じると考えると,ぶつかる分子の数は,速度に比例するので,速度に比例する抵抗で記述することは自然である.摩擦による抵抗力を,$-Cv$ と書くことになる.ここで C は摩擦係数と呼ばれるものである.

物体がはじめに加速度を持っていたとしても,そのような抵抗によって,もとの力は打ち消され,最終的には,加速度がゼロになる.そのような状態は,速度が一定になっている.それを最終速度という.終端速度ともいい,v_∞ と書く.すなわち,

$$F - Cv_\infty = m\frac{d^2x}{dt^2} = 0 \qquad (2.22)$$

より,

$$v_\infty = \frac{F}{C} \qquad (2.23)$$

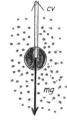

図2.6 空気分子から受ける摩擦のようす

を得る.力が重力の場合は $F = mg$ なので,$v_\infty = mg/C$ である.このぶつかってくるものによって,速さが一定の最終速度になるという考え方は第12章電流において「電気抵抗」の寄与として使う.空気抵抗以外の摩擦,およびその起源に関しては次の3章でも議論する.

2.8.1 力のつり合い

前節の場合,重力と摩擦力の両方が働いているが,最終速度の状態では大きさが同じで方向が逆なので,打ち消し合ってゼロになっている.そのため,速さ v は一定になっている.このような状態を力のつり合いという.力が3つ以上でもベクトルとして合成して零になっていれば,それはつり合いである.

2.9　単振動―あらゆる分野の基礎概念―

ここで，バネの端に質点をつけて静かに引っ張って，手を離した際に起こる運動を論じる．これは単振動と呼ばれる運動である．模式的な図を図2.7に示す．

運動方程式（2.18）を適用すると，

$$m\frac{d^2x}{dt^2} = -kx \qquad [2.24]$$

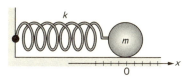

図2.7　物体をバネの端に付けて，長さxだけ，静かに引っ張る．そして手を離す．それ以降の運動を考えよう．

が得られる．これは，2階微分がもとの関数形になっている．ただし符号が変わっている．この性質を持つものは，三角関数という周期関数である．一般に

$$x = A\cos(\omega t + \alpha) \qquad [2.25]$$

と記せる．ここで，

$$\sqrt{\frac{k}{m}} = \omega \qquad [2.26]$$

とおいた．脚注でも述べたが，振動数νとは，$\omega/(2\pi) = \nu$の関係にある．ある一定の時間で同じ運動を繰り返すことになる．その周期Tは

$$T = \frac{1}{\nu} = \frac{2\pi}{\omega} = 2\pi\sqrt{\frac{m}{k}} \qquad [2.27]$$

である．図2.7の単振動については，本書の至るところで扱うことになる．

ここで，質量mを考えてみよう．これがあるために，動きがゆっくりになっている．他方，これがあるために，動き出すと，つり合いの位置（バネ本来の長さ）で止まることがなく，反対方向に動き続けるとも言える．質量の持つこのような「現状維持」の働きを慣性という．実際，このmを慣性質量という．

この単振動は，本書で繰り返し出てくるであろう．繰り返し現象を記述する9章では，単振動を示す振り子（単振り子[*2)]）を並べることで，「波」の表現を試みる．これは周期的運動から「当然」であるが，14章の電磁誘導を利用した「電気振動（LC）回路」でも出てくる．電気回路では，電磁誘導という現象自体が「慣性」に対応している．

[*2)] 一端を固定した糸の他端につるされた質点が，重力によって最下点の周りに円弧を描いて往復運動（振動）するような振り子をいう．

3 力学エネルギー（作業によって溜まるもの）と摩擦の問題

2章では，「力」というもので運動を記述する方程式が表されることを学んだ．そこで，物体が「力」を受けつつ空間を進んでゆくことによって溜め込まれるものを「エネルギー」と呼ぶ．物体を坂道に沿って落とす例を考えるとよい．

3.1 ポテンシャル

力は何らかの原因があってそこから働いているものではあるが，身近に「坂」があって，その坂の勾配が力を発現させているという考えも重要である．地面の上の丘でいうと，等高線を垂直によぎる方向に力が発生する．そのため，その力によって，どんどん落ちてゆく，という事情である．力学では，標高に対応するものを「ポテンシャル」という．そして何らかのポテンシャル $U(x)$ の勾配の符号を逆にしたものとして力 $F(x)$ が定義される．

$$F(x) = -\frac{dU(x)}{dx} \tag{3.1}$$

坂を質量 m の物体が落ちてゆく過程を考えよう．

力を受けつつ時間とともに動く際，何か溜まっていくものを定義したい．丘から落ちる場合でいうと「標高」が下がることに替わるものである．それは，純粋に量であって，方向を持ったベクトルではない．正の量であることを考え，v^2 を扱ってみよう．後の都合で，係数 $(m/2)$ を付けておく．m は考えている物体の質量である．

これをある点Aからある点Bまで，δs のステップで，少しずつ動かして（落ちて）いく．その結果，蓄積するものを求めてみよう．

微小変化 i と $i+1$ の間では，

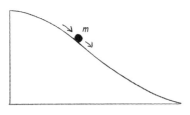

図 3.1 丘の坂の勾配が力となっている．ここを物体が落ちている．

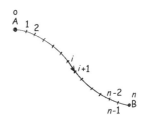

図 3.2 ポテンシャルの勾配から受けたものを運動エネルギーとして溜め込んでいくと考える．

$$\frac{m}{2}v_{i+1}^2-\frac{m}{2}v_i^2=\frac{m}{2}(v_{i+1}+v_i)(v_{i+1}-v_i)$$
$$=(m)\frac{2v_i}{2}\Delta v_i=(m)v_i\Delta v_i \qquad (3.2)$$

となるので*1)，これを A 点（$i=0$）から B 点（$i=n$）まで寄せ集めると

$$\sum_{i=0}^{i=n-1}\frac{m}{2}\{v_{i+1}^2-v_i^2\}=\frac{m}{2}\{v_B^2-v_A^2\}$$
$$=\sum_{i=0}^{i=n-1}mv_i\Delta v_i=\sum_{i=0}^{i=n-1}mv_i\frac{\Delta v_i}{\Delta t}\delta t \qquad (3.3)$$
$$=\sum_{i=0}^{i=n-1}m\frac{\Delta v_i}{\Delta t}v_i\delta t=\sum_{i=0}^{i=n-1}m\frac{\Delta v_i}{\Delta t}\delta s$$

となる．ここで，点 i において，微小時間 δt で動くと，微小距離 δs だけ動くので，
$$v_i\delta t=\delta s \qquad (3.4)$$
を使った．この分割を無限に細かくして和をとった極限が定積分であって，

$$\frac{m}{2}v_B^2-\frac{m}{2}v_A^2=\int_A^B m\frac{dv}{dt}ds=\int_A^B F_t ds \qquad (3.5)$$

と記せる．ここで，2.7.1 項で与えた運動方程式（2.18）を用いている．なお，添字 t は接線成分を表す．この式は，$(m/2)v^2$ という量の A 点から B 点への増加量は，A から B に沿ってポテンシャルの勾配として受けた力と距離の積の集合の結果であることを意味している．ここで，$(m/2)v^2$ という量を運動エネルギーと呼び，力と距離の積を「仕事」という．仕事の次元もエネルギーである．

また，式（3.1）のように，力 F_t がポテンシャル $U(x)$ の勾配にマイナスをつけたもの

$$F_t=-\mathrm{grad}U(x)=-\nabla U(x) \qquad (3.6)$$

として定義されるので，この定積分は，勾配という微分がとれて，ポテンシャルそのものにマイナスを付けたものとなる．つまり，

$$\frac{m}{2}v_B^2-\frac{m}{2}v_A^2=\int_A^B m\frac{dv}{dt}ds$$
$$=\int_A^B F_t ds \qquad (3.7)$$
$$=-\{U(B)-U(A)\}=-U(B)+U(A)$$

となる．ここから，

$$\frac{m}{2}v_B^2+U(B)=\frac{m}{2}v_A^2+U(A)$$

が得られる．これは運動エネルギーとポテンシャルの和は一定であることを意味して

---

*1) 微小量の扱いでは，和 $v_{i+1}+v_i$ は $2v_i$ として微小量は無視できるが，差 $(v_{i+1}-v_i)$ では，微小量を無視出来ない．前者では相対誤差が微小極限でゼロであるが，後者では 0 に対するズレなので無視できない

いる．これを力学的エネルギーの保存法則と言われている．このように，途中の経路によらずに，運動の始点と終点のポテンシャルエネルギーのみで，運動エネルギーが決まるのは，当たり前のように思えるが，他の自由度へエネルギーが漏れていないことを意味している．このような系での力を「保存力」という．

数学的説明 勾配の拡張

3次元への拡張は容易であり，ベクトル F の各成分が，

$$F_x = -\left(\frac{dU}{dx}\right)_{y,z} \quad F_y = -\left(\frac{dU}{dy}\right)_{x,z} \quad F_z = -\left(\frac{dU}{dx}\right)_{x,y} \quad \boxed{3.8}$$

と表される．ここで，右下の添字は一定にするものを示している．これはまとめて $F = -\mathrm{grad}\, U$ とも $-\nabla U$ とも記される．なお，∇ はナブラという．求めた F はポテンシャルの勾配が最も大きな方向を向いている．また U が一定の部分では力が働いていないことにも注意しよう．

3.1.1 単振動の場合

バネに重りをつけて振動させる系を考えよう．バネについては図2.7に図を示す．バネの自然な長さからの伸び（縮み）を x とすると，力は $x>0$（伸び）の場合に左向きで，$x<0$（縮み）の場合に右向きになるため，常に変化を妨げる方向に働く．このような力を復元力という．伸び，縮みが小さい場合，復元力の大きさはそれらに比例している．その比例係数をバネ定数といい，k と記す．

この場合の運動方程式は，式（2.24）のように

$$m\frac{d^2x}{dt^2} = -kx \quad \boxed{3.9}$$

となる．これで記述される系を単振動という．この復元力 $-kx$ を発現させるポテンシャル $U(x)$ は

$$U(x) = \frac{1}{2}kx^2 + (\text{定数}) \quad \boxed{3.10}$$

である．第1項を図3.3に示す．

a. 外部からの仕事によって蓄えられる結果 このポテンシャルを別の立場から導いておこう．

バネ定数 k のバネが自然の長さから，既に x だけ変位しているとする．ここへさらに微小変位 Δx の変位を加えるには戻そうとする力 $-kx$ に対抗して

$$F(x) = kx \quad \boxed{3.11}$$

の力を加えていくことになる．そこで，

$$\Delta W = F(x)\Delta x = kx \cdot \Delta x \quad \boxed{3.12}$$

の微小仕事をすることになる．そのような，微小仕事を初めの $x=0$ から，$x=x_0$ まですることにする．これは定積分で以下のように求められる．

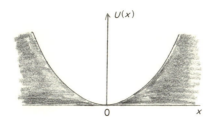

図3.3 バネの自然の長さからの変位 (x)(伸びと縮み)による力の発生に対応したポテンシャル $U(x)$. 放物線型であり,調和振動型と呼ばれている.

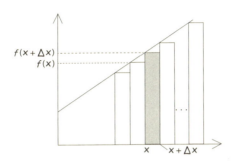

図3.4 外から仕事をして,バネを自然の長さから変位をさせると,そこにエネルギーが蓄えられる. 計算は定積分となる.

$$W = \int_0^{x_0} F(x)dx = \int_0^{x_0} kxdx = \frac{1}{2}kx_0^2 \qquad \boxed{3.13}$$

図3.4の定積分量が三角形であることからも明らかなように,1/2 は蓄えられた全エネルギーのためである. この考え方は,いろいろな分野で使われている. 本書では,6.3節の弾性体に蓄えられるエネルギー(式(6.6),(6.7)),11.5.1項のコンデンサーに蓄えられたエネルギーに関しても同様の議論がなされることになる.

これは微分してマイナスをつけると $-kx$ になることからわかる. 定数は任意である. この $U(x)$ を図3.3に描く. このような放物線型のポテンシャルを左から右,右から左に動いて,周期運動を繰り返すイメージが単振動である. 左右のポテンシャルの最上位点では運動エネルギーはゼロであり,中央のポテンシャル最下点では,運動エネルギーが最大になっている. 単振動とは,力学的エネルギーがポテンシャルに蓄えられているエネルギーと運動エネルギーの間で規則的に(一定の周期で)移り変わる現象でもある.

20 3. 力学エネルギー（作業によって溜まるもの）と摩擦の問題

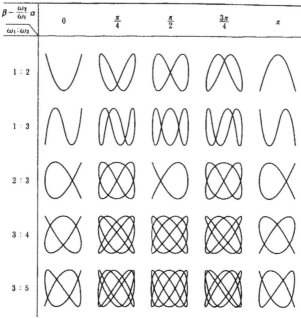

図 3.5 2つの方向への単振動はリサージュ図形を描く．角振動数の比が整数比で，$\beta - \omega_2/\omega_1 \alpha$ が π の分数において定常的な形を描く．ただし，整数はあまり大きくなったり，分数の分母が大きくなると観察しにくい（小出昭一郎『物理学（三訂版）』（裳華房，1997）より作成）．

（数学的説明）　定積分——特殊な点から一般の点へ

変数 x で表される関数 $f(x)$ をグラフに描いて，ある点 x と $f(x)$，それからわずかに増した点 $x+\Delta x$ と $f(x+\Delta x)$ の4点を結んで短冊状の面積が得られる．それをある x_1 から x_2 まで繰り返し実効して，全面積を求めることを定積分という．得られたものの次元は x の次元と $f(x)$ の次元の積である．x が距離，$f(x)$ が力ならば，面積は仕事（エネルギー）になっている．また，ここでは，ある特殊な（some）点 x_{some} に関してその状況を丁寧に記述しておけば，その x を一般化することにより，x_{any} として，共通の（any）ものを表現出来るという数学の利点（ルール）を使っている．これは定積分だけでなく，9章の波の記述でも力を発揮する．

3.2　2次元の調和振動子

ここで，平面において2つの方向から調和ポテンシャル

$$U(x,y) = \frac{1}{2}(K_x x^2 + K_y y^2) \tag{3.14}$$

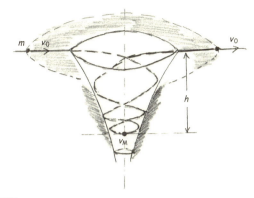

図 3.6 複雑なポテンシャルでも,エネルギー描像によって,運動の様子は推測できる.

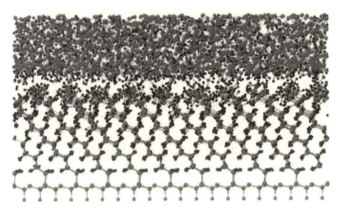

図 3.7 摩擦の原因をミクロな面構造として捕らえると.分子動力学計算も有力な方法である[2].

を受けて,運動する質量 m の系を考える.調和振動が x, y の 2 つの方向に起こるので,

$$x = C_x \cos(\omega_x t + \alpha), \quad y = C_y \cos(\omega_y t + \beta) \tag{3.15}$$

ここで,$\omega_x = \sqrt{K_x/m}$,$\omega_y = \sqrt{K_y/m}$ である.

3.2.1 リサージュ図形

これらを (x, y) 平面に描いた軌道をリサージュ図形という(図 3.5).これは,電磁気学でも見られ,オシロスコープ(オシログラフ)観察の基礎課題でもある.特に,

---

[2] マシュー・メイト著,邦訳 三矢保永,小野京右『マイクロ・ナノスケールのトライボロジー』(吉岡書店, 2013).

$\omega_x = \omega_y$ の場合は，

$$\frac{x^2}{C_x^2} + \frac{y^2}{C_y^2} - \frac{2xy}{C_x C_y} \cos(\alpha - \beta) = \sin^2(\alpha - \beta) \qquad [3.16]$$

となり，これは楕円を示している．さらに，$\beta - \alpha = n\pi$ の場合は直線になる．

3.3 エネルギー概念の有用性

図3.6のような，複雑なポテンシャル構造を持った，入れ物（容器）に水平に左から速さ v_0 で投げ入れる．その後，容器の中へ内面に渦を巻いて落ちていったが，最下点に達して，速さ v_M になった後，内面を登りだし，右の淵から水平に速さ v_0 で飛び出したとする．運動自体は極めて複雑であるが，最下点の深さ h，と v_0，v_M の間には，エネルギー保存則から，

$$\frac{1}{2}mv_0^2 + mgh = \frac{1}{2}mv_M^2 \qquad [3.17]$$

の関係式が成立していることはすぐにわかる．ここから

$$v_M = \sqrt{v_0^2 + gh} \qquad [3.18]$$

のような関係はすぐに求まる．この式は質量 m を含んでいないことに注意しよう．

3.4 摩　　擦

2.8節で議論したが，摩擦を考えるということは，他の沢山の自由度を考え，そこへのエネルギーの移動が起こっている現象を扱うことになる．もはや，エネルギーの変化がポテンシャルの変化だけで記述されるという簡単な系ではなくなる．

粒子が空気分子にぶつかる場合については，2.8節で「抵抗力」として論じたが，我々の生活では，ある小物体（粒子）が他の大きな物体の面を接触して移動する際に，それを妨げる方向に現れることに気がつく．接触を与える力と表面（詳しくは小物体と表面との関係）の状態で決まると思われる．実際，この場合の摩擦力 F_f は，動く方向とは逆向きで，大きさは小物体を表面に押しつける力（抗力 R という）に比例する場合が多い．その比例係数を摩擦係数という．

$$F_f = \mu R \qquad [3.19]$$

この適用範囲は広いが，経験則であって，ニュートンの運動方程式のような力学の基本式ではない．

このような，摩擦力 F_f は，式（3.1）で表されるような「保存力」ではない．最近では，計算機の発展によって，図3.6にあげてような，分子構造にまで立ち帰った大規模数値シミュレーションが実行されつつある[3]．極めて有望な方法であるが，

---

[3] マシュー・メイト著，邦訳 三矢保永，小野京右『マイクロ・ナノスケールのトライボロジー』（吉岡書店，2013）．

従来の「力学」で追跡するにはあまりに沢山の自由度へエネルギーが移動していくので困難が伴う．そこで，この単純な比例式を越えて議論する場合は，「摩擦熱」という「熱」の概念を導入することになる．このあたりは，7章，8章で扱うことになる．

3.4.1 動摩擦と静摩擦

摩擦に関して，現実の日常世界における物体の面と面が擦り合う際には，もう一つ大きな問題がある．それは動摩擦と静摩擦の違いである．今までは，動いている物体に対する摩擦であった．式 (3.19) で述べたように，摩擦力は，一般に垂直抗力に比例し，その比例係数を摩擦係数 μ としたが，静止状態と動いている状態では大きさが異なる．静止状態ではピン止めのため大きく，動いている状態では小さい．この違いは至るところで経験する[*4]．例えば，重い車を人間の力で何メートル引っ張れるか？　という問題は，実際は，止まっている車体を動き出させることが出来るかというのが大切であって，いったん動き始めた車体はかなり長く動かせることがわかる．これも，動き出す時の静止摩擦が極めて大きく，動き始めた後の動摩擦は小さいことを意味している．

　最先端の研究テーマと日常生活のなかにある身近な諸課題は密接な繋がりを持っていることに驚く場面は多いが，摩擦の問題もその代表例である．

[*4] ワインのコルク栓をあける際には，開ける道具（スクリューなど）によってコルクが動き出したら，その動きを止めないようにして，素速く引き抜くのがコツである．動摩擦を受けるだけの状態なので，軽く抜ける．ところが，いったん止めてしまうと静止摩擦が大きくて引き抜くのは大変である．

4 運動量概念と多質点系の問題

野球の試合ではピッチャー（投手）の投げる玉について「時速〇〇キロメートルの豪速球」などと言われている．確かに，速度の大きな玉には「勢い」がある．実際，体にぶつかるとかなりのダメージを受ける．ところが，ピンポン玉でもスマッシュの際は同程度の速度が出ているのに，「豪速球」とは言わない．顔にぶつかっても衝撃は小さい．

「勢い」という言葉は，速度が大きいだけでなく，その玉（物体）の質量も関係している．そこで，この勢いを表す物理量として，速度と質量の積で「運動量」を定義しよう．

$$\boldsymbol{p} = m\boldsymbol{v} \qquad [4.1]$$

これは，v の方向を持っているベクトル量である．

さて，キャッチャー（捕手）はどうしてそんな剛速球を受け止められるのだろうか？ すごい衝撃を受けるはずだ．受け止められる理由は，素手ではなくミットを使うからである．勢い（運動量）のあるものを受け止めるのは，もちろん力を受けることであるが，その時間も大切である．運動量が同じであっても，その時間が長いと力自体は小さくなるので衝撃が少ない．ミットは受け止めの時間を長引かせるための道具である．つまり，運動量は，力を働かせつつ時間を経過させることだということがわかる．実際，運動量の次元は「質量」と「速さ」の積 kg·(m·s^{-1}) ではあるが，同時にこれは「力」と「時間」の積 (kg·m·s^{-2})·s でもある．このあたり，3章で紹介した，エネルギーが，力を働かせつつある距離を引きずることで得られるもの，「力」と「長さ」の積であることに対比すると興味深い．

4.1 2体問題

質量を持っている物体2つの間には，式 (1.2) で与えたような万有引力が働く．

ここでは，2つの物体のみしか考えていないので，図 4.1 の物体 m_1 から m_2 へ働く力と物体 m_2 から m_1 へ働く力は，大きさが同じで方向が逆向きである．このような力を内力という．

$$\boldsymbol{F}_{1 \to 2} = -\boldsymbol{F}_{2 \to 1} \qquad [4.2]$$

これはニュートンの作用・反作用の法則でもある．ここで，それぞれの物体の運動方程式を記すと

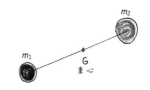

図 4.1 すべての質量の間には引力が働いている．

$$m_1\frac{d^2\boldsymbol{r}_1}{dt^2}=\boldsymbol{F}_{2\to1}, \qquad m_2\frac{d^2\boldsymbol{r}_2}{dt^2}=\boldsymbol{F}_{1\to2} \qquad (4.3)$$

となる．ここで各式の左辺の和と右辺の和をとると（辺々，和をとると），式 (4.2) より，

$$\frac{d^2}{dt^2}(m_1\boldsymbol{r}_1+m_2\boldsymbol{r}_2)=0 \qquad (4.4)$$

になる．

4.1.1 重心の運動

そこで，全質量 M を

$$M=m_1+m_2 \qquad (4.5)$$

と表すことにより，重心を表すベクトル $\boldsymbol{R}$ を

$$\boldsymbol{R}=\frac{m_1\boldsymbol{r}_1+m_2\boldsymbol{r}_2}{M} \qquad (4.6)$$

と定義する．ここで，式 (4.4) を考えると，

$$M\frac{d^2\boldsymbol{R}}{dt^2}=0 \qquad (4.7)$$

を得る．つまり，重心は加速度がゼロであって，等速運動をする．あるいは，速度がゼロであって止まっているような座標をとれる．

4.1.2 相対運動の記述

重心の振る舞いに加えて注目すべきものは 2 つの物体の間の相対的な運動である．そこで，式 (4.3) の各式を m_1 および m_2 で割ったものを左辺同士で差をとり，右辺同士で差をとると（辺々，差をとると）

$$\frac{d^2}{dt^2}(\boldsymbol{r}_2-\boldsymbol{r}_1)=\frac{1}{m_2}\boldsymbol{F}_{1\to2}-\frac{1}{m_1}\boldsymbol{F}_{2\to1} \qquad (4.8)$$

であるが，式 (4.2) より，この式の右辺は

$$\left(\frac{1}{m_1}+\frac{1}{m_2}\right)\boldsymbol{F}_{1\to2} \qquad (4.9)$$

になる．そこで，相対距離を表すベクトルとして $\tilde{\boldsymbol{r}}$ を

$$\tilde{\boldsymbol{r}}=\boldsymbol{r}_2-\boldsymbol{r}_1 \qquad (4.10)$$

として導入すると，

$$\frac{d^2}{dt^2}\tilde{\boldsymbol{r}}=\left(\frac{1}{m_1}+\frac{1}{m_2}\right)\boldsymbol{F}_{1\to2} \qquad (4.11)$$

になる．そこで，換算質量として，μ を

$$\frac{1}{\mu}=\frac{1}{m_1}+\frac{1}{m_2} \qquad (4.12)$$

を定義すると，

$$\mu \frac{d^2}{dt^2}\tilde{r} = F_{1\to 2} \qquad (4.13)$$

が得られる．これは，形式的には，質量 μ の 1 個の物体が力 $F_{1\to 2}$ を受けている運動方程式になっている．このように，2 体問題は 1 体問題に帰着出来るという意味で「解ける」のである．

4.1.3　2体系での運動量保存の法則

さて，全運動量 P を

$$P = p_1 + p_2 = m_1 v_1 + m_2 v_2 \qquad (4.14)$$

と定義すると，式 (4.4) より，P は

$$\frac{d}{dt}P = 0 \qquad (4.15)$$

であって，P は保存され，時間により変化しない．

4.1.4　2体衝突——撃力の表現

2 つの物体が近づいて（インプット），相互作用を及ぼしつつ，再び遠ざかる（アウトプット）という現象を「衝突」という．この場合も相互作用な内力なので，運動量の保存法則が成立する．衝突という極めて短い時間に力がどう働いているかは大変難しい問題である．運動方程式では

$$m \frac{dv}{dt} = F(t) \qquad (4.16)$$

である．これは，極短時間のダイナミクスとして興味深いが，まずは，衝突の前後で，それぞれの粒子がどう変わったかが，重要なテーマである場合が多い．図 4.2 を見てほしい．

その場合，変化するのは運動量であって，次元は，力とそれが作用した時間の積になっている．具体的には，$F(t)$ は時々刻々変化するので，衝突の前から後までの定積分を調べよう．左辺は

$$m\int_{t_1}^{t_2} dt \frac{dv}{dt} = m\int_{v_1}^{v_2} dv = mv(t_2) - mv(t_1) \qquad (4.17)$$

である．式 (2.18) より右辺は $\int_{t_1}^{t_2} dt F$ なので，運動量の変化でまとめると，

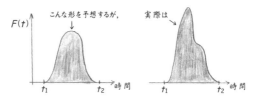

図 4.2　衝突で何が起こるか？　前後で変わるものを考えよう．

図 4.3 2つのものの合体，1つのものの分裂で何が起こるか？

$$p(t_2) - p(t_1) = \int_{t_1}^{t_2} dt F(t) \qquad \boxed{4.18}$$

となっている．左辺は衝突が起こっている時間で重ね合わせている．この量を力積と呼ぶ．結局，衝突の前後で，運動量の変化は力積で与えられることを示している．

2体問題の合体・分裂系への拡張適用　これは，衝突後，合体する場合，はじめに1つのものが2つに分裂する場合にも成立する．図 4.3 に描いたような，合体，分裂では，エネルギーの見かけ上の消滅，発生が起こっているが，そのようなエネルギーの問題とは関係なく，運動量の保存法則が成立している．

このように，運動量保存の法則は，内力が打ち消すという原理に基づいているので，エネルギーという量の保存よりも普遍的に成り立っている．

これは，重要な法則なので，次節 4.2 で，多体系に拡張して，証明しておこう．

(数学的説明)　インプット-アウトプットの手法

途中の振る舞いが複雑な現象の場合，その入口と出口に着目して，その間の変化による差をまとめて議論するのが有効な場合が多い．「回路」もその一種である．

4.2　多粒子系・多体系

多粒子集団においては，集団内部の力と外部からの力では，働き方が全く違う．
このように，質点 1, 2, 3, … がお互いに力を及ぼしあいつつ，外力を受けている系を考える．運動方程式は

$$m_1 \frac{d^2 r}{dt^2} = F_1^{外} + F_{2\to 1}^{内} + F_{3\to 1}^{内} + \cdots \qquad \boxed{4.19}$$

$$m_2 \frac{d^2 r}{dt^2} = F_2^{外} + F_{1\to 2}^{内} + F_{3\to 2}^{内} + \cdots \qquad \boxed{4.20}$$

$$m_3 \frac{d^2 r}{dt^2} = F_3^{外} + F_{1\to 3}^{内} + F_{2\to 3}^{内} + \cdots \qquad \boxed{4.21}$$

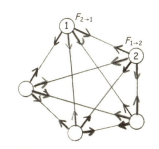

図 4.4 多粒子系が外力を受けつつ，お互いに内力を及ぼし合っている系

となる．ここで和をとると，お互いに作用しあっている内力は作用・反作用の法則よ

り

$$F^{内}_{2\to 1}=-F^{内}_{1\to 2} \tag{4.22}$$

なので，必ず，打ち消しあってゼロになる．残るのは外力の和のみである．

$$m_1\frac{d^2\boldsymbol{r}}{dt^2}+m_2\frac{d^2\boldsymbol{r}}{dt^2}+m_3\frac{d^2\boldsymbol{r}}{dt^2}+\cdots =\frac{d}{dt}(m_1v_1+m_2v_2+m_3v_3+\cdots) \\ =F^{外}_1+F^{外}_2+F^{外}_3+\cdots \tag{4.23}$$

ここで，全運動量 P を

$$P=m_1\boldsymbol{v}_1+m_2\boldsymbol{v}_2+m_3\boldsymbol{v}_3+\cdots \tag{4.24}$$

で定義すると，P の変化は

$$\begin{aligned}\frac{dP}{dt}&=m_1\frac{d\boldsymbol{v}_1}{dt}+m_2\frac{d\boldsymbol{v}_2}{dt}+m_3\frac{d\boldsymbol{v}_3}{dt}+\cdots \\ &=m_1\frac{d^2\boldsymbol{r}}{dt^2}+m_2\frac{d^2\boldsymbol{r}}{dt^2}+m_3\frac{d^2\boldsymbol{r}}{dt^2}+\cdots \\ &=\frac{d}{dt}(m_1v_1+m_2v_2+m_3v_3+\cdots) \\ &=F^{外}_1+F^{外}_2+F^{外}_3+\cdots \end{aligned} \tag{4.25}$$

となって，外力によってのみ変化することがわかる．つまり外力の無い場合は，P は保存される（運動量保存の法則）．

さらに，ここで重心 R を

$$R=\frac{m_1\boldsymbol{r}_1+m_2\boldsymbol{r}_2+m_3\boldsymbol{r}_3+\cdots}{m_1+m_2+m_3+\cdots} \tag{4.26}$$

で，定義する．分母は全質量 M である．ここで，重心についての運動方程式は

$$M\frac{d^2\boldsymbol{R}}{dt^2}==F^{外}_1+F^{外}_2+F^{外}_3+\cdots \tag{4.27}$$

と記せる．これは1個の質点が質量 M を持ち，それが外力の総和を受けている場合の運動を示している．つまり，重心はこのような運動をする．もし，外力が無ければ，重心は加速度を受けない．つまり等速運動を続ける．

4.2.1 連続体の場合の重心

図 4.5 のように，多粒子系の粒子数が増えて個々の粒子のブツブツ（ミクロな形状）がわからないくらいになると，質量の分布している様子は，単にある点 r の密度 $\rho(r)$ として記述できると考えられる[*1]．これを連続体という．数学的には，粒子1つずつの和であるから，空間 r についての定積分とな

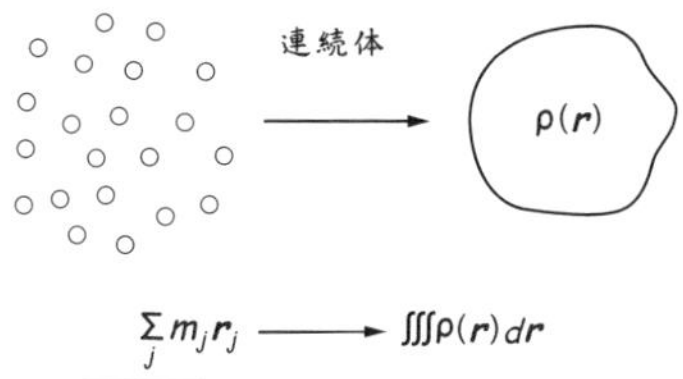

図 4.5 多粒子系を連続体へ拡張して考えよう．

$\sum_j m_j r_j \longrightarrow \iiint \rho(r)dr$

[*1] 「粒あん」を「こしあん」にしたようなものである．英語では jelly model と言われている．

る*2). 総質量は

$$M = m_1 + m_2 + m_3 + \cdots \to \iiint \rho(\boldsymbol{r}) \boldsymbol{r} \qquad \boxed{4.28}$$

という積分形になる．積分範囲は連続体の存在する空間である．また，重心 $\boldsymbol{R}$ は

$$m_1 \boldsymbol{r}_1 + m_2 \boldsymbol{r}_2 + m_3 \boldsymbol{r}_3 + \cdots \to \iiint \boldsymbol{r} \cdot \rho(\boldsymbol{r}) d\boldsymbol{r} \qquad \boxed{4.29}$$

を M で割ったものである．重心は連続体の分布によって決まるので，全体の形状によっては，重心がその連続体の分布がゼロの位置の場合もありうる．棒高跳びで，5 m 程度のバーを飛び越える姿を注意深く観察すると，選手の重心の最高点はバーより下にあることに気がつく．そのような条件を満たすように選手は巧みに身体を曲げるのである．

4.2.2 内力と外力

前節の式 (4.24), (4.25) で示したように，構成粒子間で，すべての和をとると，内力は消える．そのため外力が無いと

$$\sum_j \frac{d\boldsymbol{p}_j}{dt} = \sum_i (\boldsymbol{F}_{1\to j} + \boldsymbol{F}_{2\to j} + \boldsymbol{F}_{3\to j} + \cdots) = 0 \qquad \boxed{4.30}$$

であって，全運動量 $\sum_j \boldsymbol{p}_j$ は一定で変化しない．これを全運動量の保存法則という．各粒子の個々の運動がどんなに複雑であっても，全運動量は，内力で変化することは出来ない．これが運動量保存の法則である．この法則の方が，考えている自由度に規定されるエネルギー保存法則よりも原始的（基本的）であると言える．

> (数学的説明)　**多重定積分**
> 　変数を x, y の 2 つ持つ関数 $f(x, y)$ は x についての定積分を実行して定積分値として y の関数が得られるので，さらにそれを y で定積分することが出来る．これを 2 重定積分という．同様に 3 重定積分も考えられる．これらを多重定積分という．

4.3　質点系の角運動量

ここで，運動量の保存法則に対応させて，角運動量の保存法則を議論しておこう．
　ある点をある軸の周りで回すための働きを考える．図 4.6 を見てほしい．その働きは，その点に与える力の大きさに比例するだけでなく，軸からの質点までの距離にも比例している．そこで，その働きを，力のモーメント $\boldsymbol{N}$ として，

$$\boldsymbol{N} = \boldsymbol{r} \times \boldsymbol{F} \qquad \boxed{4.31}$$

で定義する．この積は 2 つのベクトルの外積である．ベクトル積については図 4.7 を

---

*2) ここでは，積分についてはこのような和（足し算）の延長としての「定積分」のみ使う．つまり，微分の概念よりも定積分のほうがやさしいのである．これは，割り算より掛け算のほうが理解しやすいということに対応している．

図4.6 質点をヒモに付けて回すには，力のモーメントが必要である．軸を o とする．

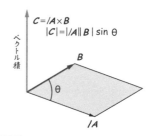

図4.7 2つのベクトルの外積によって第3のベクトルを作る．

見てほしい．N の方向は，r と F の張る面に垂直である．

これによって，軸の周りに回転が生まれるが，回転運動に伴う運動量を角運動量 ℓ として

$$\ell = r \times p \tag{4.32}$$

で定義する．この章では，ℓ はベクトルである．

ここで，質点の運動方程式が

$$F = \frac{dp}{dt} \tag{4.33}$$

であることから

$$\frac{d\ell}{dt} = r \times \frac{dp}{dt} = r \times F = N \tag{4.34}$$

を得る．

質点 1, 2, 3, ... がお互いに力を及ぼしあいつつ，外力を受けている系の各質点の角運動量を考える．角運動量に関する運動方程式は

$$\frac{d\ell_1}{dt} = r_1 \times F_1^{外} + r_1 \times F_{2\to 1}^{内} + r_1 \times F_{3\to 1}^{内} + \cdots \tag{4.35}$$

$$\frac{d\ell_2}{dt} = r_2 \times F_2^{外} + r_2 \times F_{1\to 2}^{内} + r_2 \times F_{3\to 2}^{内} + \cdots \tag{4.36}$$

$$\frac{d\ell_3}{dt} = r_3 \times F_3^{外} + r_3 \times F_{1\to 3}^{内} + r_3 \times F_{2\to 3}^{内} + \cdots \tag{4.37}$$

となる．

ここで和をとると，お互いに作用しあっている内力は図4.8に描いてあるように，

$$r_i \times F_{ji} + r_j \times F_{ij} = 0 \tag{4.38}$$

になっているので，必ず，打ち消しあってゼロになる．残るのは外力によるモーメントの和のみである．

$$\frac{d\ell_1}{dt} + \frac{d\ell_2}{dt} + \frac{d\ell}{dt} + \cdots = \ell_1 \times F_1^{外} + \ell_2 \times F_2^{外} + \ell_3 \times F_3^{外} + \cdots \tag{4.39}$$

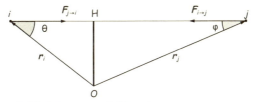

$|r_i||F_{j \to i}| \sin \theta = OH = |r_j||F_{i \to j}| \sin \varphi$

図 4.8 内力によるモーメントは打ち消す.

ここで，全角運動量 L を
$$L = \ell_1 + \ell_2 + \ell_3 + \cdots \tag{4.40}$$
で定義すると，L の変化は
$$\begin{aligned}
\frac{dL}{dt} &= \frac{d\ell_1}{dt} + \frac{d\ell_2}{dt} + \frac{d\ell_3}{dt} + \cdots \\
&= r_1 \times F_1^{\text{外}} + r_2 \times F_2^{\text{外}} + r_3 \times F_3^{\text{外}} + \cdots \\
&= \sum_j (r_j \times F_j^{\text{外}})
\end{aligned} \tag{4.41}$$

となって，外力によるモーメントによってのみ変化することがわかる．つまり外力によるモーメントが無い場合は，L は保存する．

これを角運動量保存法則という．これについては，次の第 5 章の剛体でも議論する．

数学的説明　ベクトルの内積と外積

> ベクトルには 2 種類の積がある．積の結果，単なる数になるものと，ベクトルになるものである．前者を内積という．2 つのベクトルの大きさの積に，2 つのベクトルに挟まれた部分の角度 θ の cos がかかったものである．一方，後者は外積と言い，方向は 2 つのベクトルの張る平面に垂直である．向きは，初めのベクトルから後のベクトルの方へ右ネジを回した際に進む方である．大きさは 2 つのベクトルに挟まれた部分の角度 θ の sin がかかったものである．2 つのベクトルが張って作る平行四辺形の面積とも言える．そのため，2 つのベクトルが平行だとゼロになる．

5 固い物体を扱う

4章で述べた連続体にはいろいろなものが考えられる。外からの力（外力）に対して変形するが，反発力が働いて元の形を保とうとする。これを弾性体という[*1]．他方，外力に対して全く変形をしないものも考えられる．このようなものを剛体という．すなわち，内部での変形の無い系である．内部構成要素間の距離は変化しないため，内部の変形の自由度は無い．この概念は日常的に言う「固い」ということの極限になっている．1章で述べたように，物体は原子によって作られていることを考えると「剛体」はありえない，理想化された存在である．しかし，私たちのまわりには鉄製の道具などの固いもの多く，それが有益な働きををしているので「剛体」の概念は重要である．

剛体の運動は，重心の運動と，回転の運動だけとなる．構成粒子数は膨大であっても，力学運動を記述する変数は極めて少ない．立体では，自由度6の系となる．並進運動 x, y, z 方向と，回転運動 x 軸まわり，y 軸まわり，z 軸まわりである．

5.1 剛体のつり合い

そこで，つり合いの問題も，簡単になる．回転とはある軸の周りの運動なので，ある軸について，回転させる能力として図のように，力のモーメントというものを導入する．これは質点系の場合の式 (4.31) に対応している．

5.1.1 力のモーメントの導入

ある点 O のまわりの力のモーメント N は，力の作用点 P と点 O との間の距離ベクトル L と力 F との外積で与えられる．

$$N = L \times F \qquad [5.1]$$

つまり，N の方向は F と L がなす面に垂直である[*1]．

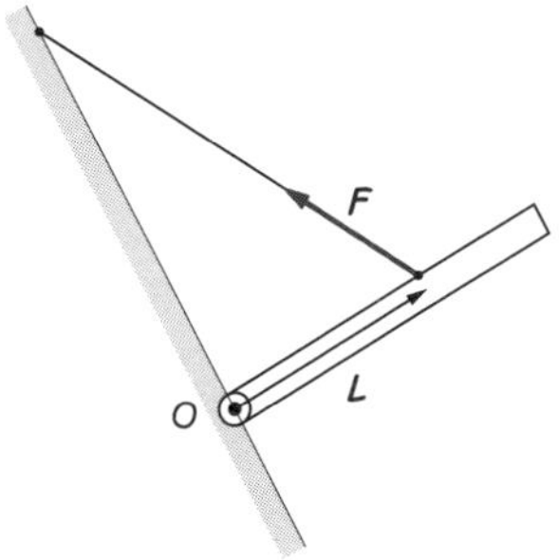

図 5.1 力のモーメントの定義．力のベクトルと軸から作用点までの距離ベクトルの外積．

このベクトルの外積は，11章から14章の電磁気学でも使うことになる．

[*1] ここで，慣性モーメント，およびその計算，剛体の運動を記述する運動方程式という大切な項目があるが，本書では省略する．

5.1.2 回転しない条件

粒子に働く力がつり合っていて，実質的に力が働いていないとその粒子は等速度運動をしている．つまり，ある座標で考えると静止している．剛体の場合はどうだろうか？ 粒子の場合は並進運動がゼロになっていれば静止していると言えるが，剛体では，そうであっても，回転運動が残っているかもしれない．そこで，ある軸のまわりの回転を止めることが必要である．その軸は，どの軸であってもよいので，計算しやすいものをとればよい．

5.1.3 壁に立て掛けた棒

壁に立て掛けた棒は，地面と棒，および壁と棒の間の摩擦力によって，静止しているが，角度によっては滑ってしまう．滑り出してしまうときの，棒と地面のなす角度を求めてみよう．図5.2を見てほしい．

棒は一様で長さを 2ℓ とし，棒と地面のなす角度を θ とする．棒の中点に重力 W が働いていると考えてよい．地面と棒の間の摩擦係数を μ_1，壁と棒の間の摩擦係数を μ_2 とする．滑らない場合に働く力のつり合いを考える．図のA点での垂直抗力を N_1 とするとそこでの摩擦力は $\mu_1 N_1$ である．また点Bでの垂直抗力を

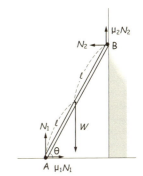

図 5.2 壁に立て掛けた棒が安定でいる条件を考えよう．

N_2 とするとそこでの摩擦力は $\mu_2 N_2$ である．そこで，水平方向の力を考えて静止条件を書くと，

$$N_2 - \mu_1 N_1 = 0 \qquad (5.2)$$

垂直方向の静止条件は

$$\mu_2 N_2 + N_1 - W = 0 \qquad (5.3)$$

である．棒が回転しない条件として点Bまわりのモーメントを考えると

$$-\mu_1 N_1 \cdot 2\ell \sin\theta - W \cdot \ell \cos\theta + N_1 \cdot 2\ell \cos\theta = 0 \qquad (5.4)$$

となる．ここで，時計回りを＋，反時計回りを－とした．ここから，

$$\tan\theta = \frac{1 - \mu_1 \mu_2}{2\mu_1} = \frac{1}{2\mu_1} - \frac{\mu_2}{2} \qquad (5.5)$$

が得られる．この式は正の範囲で考える．この式は，ℓ にも W にもよっていない．この式の右辺を見ると，点Aでの摩擦係数 μ_1 が大きい方が全体が小さくなって θ が小さい角度まで安定であるが，その安定性を点Bの摩擦係数 μ_2 が助けている．

5.2 剛体の運動——ある軸のまわりの回転

さて剛体の運動として，ある軸のまわりの回転を考えよう．その軸を z 方向とする．剛体は大きさを持っているがすべてがいっしょに動くので，回転の自由度は1つなのである．その軸のまわりの回転はその軸に垂直にある点の動きで表される．図5.3を見てほしい．

軸上にはない着目している点をPとする．点Pから回転軸に垂線をおろす．その軸上の点をCとする．距離PCを r_j とする．ある時刻でのPの位置と回転軸のなす平面を xz 面とする．その時刻から角 θ だけ回転しているとする．この角度がさらに角速度 $\dot\varphi$ で反時計回りに回転している．そのため，点Pの速さ $\boldsymbol{v}_j$ の大きさ v_j は $r_j\dot\varphi$ である．ここで，角運動量の式において z 成分のみしかないので，

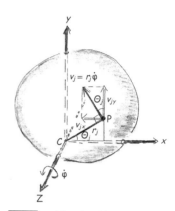

図5.3 剛体のある軸のまわりの回転運動を記述するにはどうすればよいか．

$$\ell_{jz}=(\boldsymbol{x}\times\boldsymbol{p}_j)_z=(\boldsymbol{x}\times m\boldsymbol{v}_j)_z=x_jm_jv_{jy}-y_jm_jv_{jx} \qquad (5.6)$$

を考える．ところが，図5.3から明らかなように，

$$v_{jx}=-r_j\dot\varphi\sin\theta_j=-r_j\sin\theta_j\dot\varphi=-y_j\dot\varphi,$$
$$v_{jy}=r_j\dot\varphi\cos\theta_j=r_j\cos\theta_j\dot\varphi=x_j\dot\varphi \qquad (5.7)$$

となるので，

$$\ell_{jz}=[m_jx_j^2+m_jy_j^2]\dot\varphi=m_jr_j^2\cdot\dot\varphi \qquad (5.8)$$

が得られる．これは θ に依存していない．これを各点 j について和をとったものが全体の角運動量 L_z である．そこで右辺の形から，

$$I=\sum_j m_j r_j^2 \qquad (5.9)$$

という量に慣性モーメントという名前を付けて導入すると，

$$L_z=I\dot\varphi \qquad (5.10)$$

という表式になる．これによって，回転運動を表す式（4.41）より，z 成分は

$$\frac{dL_z}{dt}=I\frac{d^2\varphi}{dt^2}=\sum_j(x_jF_{jy}-y_jF_{jx}) \qquad (5.11)$$

となる（式（2.18）による）．また，回転による運動エネルギーを考えると

$$K=\sum_j\frac{1}{2}m_jv_j^2=\frac{1}{2}\sum_j m_j r_j^2\dot\varphi^2=\frac{1}{2}I\left(\frac{d\varphi}{dt}\right)^2 \qquad (5.12)$$

と書かれる．

以上より，剛体のある軸についての回転と質点のある直線上での運動には以下の対応があることに気がつく．

剛体の回転角 φ ⇔ 質点の位置 x

剛体の角速度 $\dot\varphi$ ⇔ 質点の速度 v

剛体の慣性モーメント I ⇔ 質点の質量 m

剛体の角運動量 $L=I\dot\varphi$ ⇔ 質点の運動量 $p=mv$

運動を記述する式　$I\ddot\varphi=\dfrac{dL_z}{dt}=N_z$ ⇔ $m\ddot x=\dfrac{dp_x}{dt}=F_x$

運動エネルギー　$\dfrac{1}{2}I\dot\varphi^2$ ⇔ $\dfrac{1}{2}m\dot x^2$

5.3　連続体剛体の慣性モーメントの求め方

ここで一様な長い棒の慣性モーメントを求めてみよう．質量を M，長さを ℓ とする．図5.4のように，どこの回転の軸をとるかによっている．そこで左から距離 a の点を

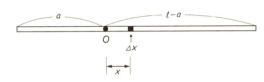

図 5.4　剛体の棒の慣性モーメントの計算．

軸とする．ここを $x=0$ とおき，ここから x の点における微小片 Δx を考える．

長さ方向の微小片 Δx の質量は $[M/\ell]\cdot\Delta x$ なので，この微小片の慣性モーメント ΔI は，$[(M\cdot x^2)/\ell]\cdot\Delta x$ である．棒全体では，微小片について極限 dx をとって，棒の左端から右端までの定積分

$$\int_{-a}^{\ell-a}\dfrac{M}{\ell}x^2 dx=\dfrac{M}{3\ell}[(\ell-a)^3-(-a)^3]=\dfrac{M}{3}(\ell^2-3\ell a+3a^2)\qquad (5.13)$$

となる．もし，軸が端点の場合は，$a=0$ もしくは $a=\ell$ を代入して，$I_0=M\ell^2/3$ である．

5.3.1　剛体で出来た振り子——実体振り子

このような慣性モーメントを持った剛体が，重力の働きで，振り子運動している系を考える．軸は水平であって，重心を通ってはいないとする．

重心から回転軸までの距離を h とする．今，重心と回転軸のなす線分と鉛直線のなす角を ϕ とする．重力のモーメント N_z は

$$N_z=-Mgh\sin\phi \qquad (5.14)$$

になる．そのため，運動方程式は

$$I\dfrac{d^2\phi}{dt^2}=-Mgh\sin\phi \qquad (5.15)$$

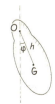

図 5.5　剛体で出来た振り子．

となる．ここで，ϕ が小さいときは，

$$\frac{d^2\phi}{dt^2} = -\frac{Mgh}{I}\phi \tag{5.16}$$

となって，単振動であることがわかる．周期は，$T=2\pi\sqrt{I/(Mgh)}$ である．

質量 m の単振り子の周期は $T=2\pi\sqrt{\ell/g}$ であって，m を含まないが，剛体振り子に場合は $I/(Mh)$ という形で依存している．ただし，I に具体的な形を入れると M はのぞかれることになる．

上の一様な棒で $a=0$ の場合の $I_0=M\ell^2/3$ を代入すると，$h=\ell/2$ であることを使って，$T=2\pi\sqrt{2\ell/3g}$ を得る．

5.3.2 一般の場合の慣性モーメントの計算方法

一般に，密度分布 ρ が一様な剛体の，z 軸まわりの回転に対する慣性モーメントは，式（5.9）を拡張し，積分表示で，

$$I = \iiint (x^2+y^2)\rho dx dy dz \tag{5.17}$$

と書けることが推測出来る．

例えば，質量 M，半径 a の円柱においては，単位面積あたりの質量（面密度）は $M/(\pi a^2)$ である．これの慣性モーメントを計算してみよう．図 5.6 を見てほしい．いま，これを半径が r と $r+dr$ の同心円で区切られた円環（面積 $2\pi r dr$）を考えると，慣性モーメントの計算で使う r は共通なので，円環の質量 $\times r^2 = \{M/(\pi a^2)\}2\pi r dr \times r^2$ が得られる．これを，r について，0 から a まで定積分すると

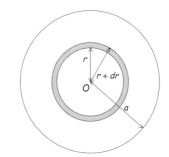

図 5.6 円板の慣性モーメントの計算．

$$I = \frac{M}{\pi a^2}\int_0^a r^2 2\pi r dr = \frac{1}{2}Ma^2 \tag{5.18}$$

が得られる．

（数学的説明）　2 次元球座標とそれによる定積分

直交座標 (x,y) に対して，$x=r\cos\theta$，$y=r\sin\theta$ である「動径」r と「角度 θ」で表記した座標を球座標という．円形なものを扱う場合に便利である．2 次元の多重定積分では，直交座標の $dxdy$ が $rdrd\theta$ と表される．定積分する関数が角度 θ によらない場合は，角度による定積分の部分は 1 周した角度 2π になる．そのため，r の関数に $2\pi r$ をかけて r で（1 回だけ）定積分をすることになる．

5.4 軸のまわりに回転できる円板に糸をかけて両側に重りを付けたときの運動

ここで，一様な面密度 ρ の円板が，水平な中心軸のまわりに自由に回転できる回転半径 a の系を考える．これに長い糸をつけて，両端に m_1, m_2 のおもりをつるす．この時の運動をしらべよう．図5.7を見てほしい．m_1, m_2 に働く糸の張力を T_1, T_2 とする．糸が動く加速度を α とする．これは，円板の縁の加速度でもある．おもりの運動方程式は

$$m_1 g - T_1 = m_1 \alpha, \qquad T_2 - m_2 g = m_2 \alpha \qquad [5.19]$$

となる．他方，円板の回転を記述する式は (5.11) で右辺をモーメントで置き換えたもので書ける．回転角を ϕ とすると

$$I \frac{d^2 \phi}{dt^2} = N_z = T_1 a - T_2 a \qquad [5.20]$$

となる．円板は軸が固定されて回転しているので，

$$\frac{d\phi}{dt} = \frac{v}{a} \qquad [5.21]$$

で書ける．この両辺を微分すると

$$\frac{d^2 \phi}{dt^2} = \frac{dv/dt}{a} = \frac{\alpha}{a} \qquad [5.22]$$

なので，

$$\frac{I\alpha}{a} = (T_1 - T_2)a \qquad [5.23]$$

が得られる．これらから，

$$\alpha = \frac{(m_1 - m_2)g}{m_1 + m_2 + (I/a^2)} \qquad [5.24]$$

が求まる．回転の方向は m_1 と m_2 の大小関係によって決まる．結局，

$$\alpha = \frac{(m_1 - m_2)g}{m_1 + m_2 + (1/2)M} \qquad [5.25]$$

であり，見かけ上，円板の半径 a によらない．

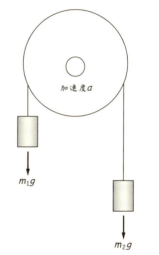

図 5.7 円板の両側におもりをつけた系の運動．

5.5 剛体の角運動量の保存の実験例

剛体がある軸のまわりにまわっている際は，その軸方向の角運動量を持っていて，それは保存される．したがって，その軸の方向を変えようとする力に対して反抗し，回転状態を安定にする働きになっている．

図5.8にあげたような，空中に浮かぶコマは，実は磁石であり，下部の磁石の極（N極かS極）が台の上の磁極と同じになって，反発力を受けている．ただし，そのままでは，磁石は向きを反転させて，台の上に落ちて，くっついてしまう．ところが，回転していると，角運動量の保存法則によって軸を変えようとしないため，磁気的反発で浮かびあがるわけである．ただし，回転が空気抵抗などで弱まってしまうと，軸が反転して落ちてしまう．

図5.8 浮上するコマ．角運動量を保存しようという働きが寄与している．この写真は山本明利氏（横浜物理サークル）による手作りのものである．

6 ぶよぶよした物体はどうなる

剛体ではなく，おのおのの部分が変形しつつも全体の形を保つ物体を弾性体という．弾性体の物理学の説明は通常，固いものが多い．剛体に近いので扱いやすいが，変形のイメージをつかみにくい．そこで，ここでは，ぶよぶよしていて，変形が目に見えるものを対象にして，紹介してゆく．

6.1 コンニャクの変形

図 6.1 のように，コンニャクを皿の上に横に置いたときと，先を持って縦にぶら下げたときでは，長さが異なる．これは，コンニャクが剛体でないためで，重力によって伸ばされていることを表している．コンニャクを垂直にぶら下げたときのある水平断面を考えると，その面が止まっているということは，下向き重力とそれによって引き伸ばされたコンニャクが上向きに力を働かせるためである．この上向きの力はコンニャクの弾性と呼ばれる性質によるものである．それはコンニャクを構成している高分子などの復元力であってクーロン電気相互作用に起源を持っている．これを弾性体の張力という．

このように，ある面で，大きさが同じで，方向が逆向きに働いているもの応力という．これは，力 F を断面積 A で割ったもので定義される．これをパスカル（Pa）と呼ぶ．

今の場合，設定した面に垂直に働いているので，特に法線応力という．張力は法線応力であるが，方向を逆にした圧力もまた，法線応力である．これらの法線応力は，コンニャクが破壊されない限り，働き続けている．

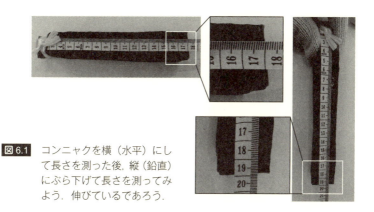

図 6.1 コンニャクを横（水平）にして長さを測った後，縦（鉛直）にぶら下げて長さを測ってみよう．伸びているであろう．

6.2 フックの法則

実際は，弾性体の伸びについては，元の長さ a に対する伸び Δa の割合として歪み ϵ を

$$\epsilon = \frac{\Delta a}{a} \qquad \boxed{6.1}$$

と定義する．張力（法線応力）がこの歪み（ϵ）を与えている．張力が小さいうちは，比例関係にある．これをフックの法則という．その比例係数をヤング率 E という．

$$\frac{F}{A} = E \cdot \epsilon \qquad \boxed{6.2}$$

この E の次元は圧力の次元と同じでパスカル Pa で kg·m^{-1}·s^{-2} である．さて，横に置かれているので力はかかっていないとしよう[*1)]．そのときの長さを L とする．しかし，縦にぶら下げると，ある層では，その下の部分にあるコンニャクの重力を受けて伸びている．図 6.2 を見てほしい．

そこで，長さ L のコンニャクの重力による伸びの総量を計算してみよう．「自重による伸び」とも言われており，当然，上部ほど，そこから下の部分が長いので，伸びが大きい．全体の伸びは，それらを重ね合わせていく計算をすることになる[*2)]．

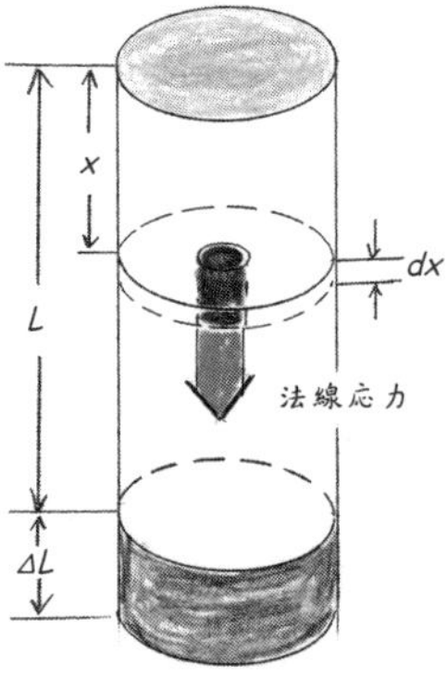

コンニャクの密度を ρ とする．上端から x の距離にある場所での厚み Δx での鉛直下向き（法線）応力 $F(x)/A$ は

$$\frac{F(x)}{A} = \rho g (L-x) \qquad \boxed{6.3}$$

である．これが，式 (6.2) より，ヤング率 E と，歪み $\Delta \lambda / \Delta x$ の積である．ここで，Δx の微小極限をとると，Δx は dx，$\Delta \lambda$ は $d\lambda$ となって，この位置での微小な厚み dx の部分の微小な伸び $d\lambda$ は

$$d\lambda = \frac{1}{E} \rho g (L-x) dx \qquad \boxed{6.4}$$

と記せる．これによる全体の伸び ΔL は，部分層 dx での伸びの総和である．連続体では，定積分になるので，

図 6.2 コンニャクをぶら下げた時の延びの計算をしてみよう．

[*1)] ここでは，コンニャクの長い方向への伸びに注目している．
[*2)] ここは，積分，特に定積分の本質を学習する題材としても有意義である．

$$\begin{aligned}
\Delta L &= \int_0^L d\lambda = \int_0^L dx \frac{1}{E}\rho g(L-x) \\
&= \frac{\rho g}{E}\left[\frac{-1}{2}(L-x)^2\right]_{x=0}^{x=L} = \frac{\rho g}{E}\left[0 - \frac{-1}{2}L^2\right]_{x=0}^{x=L} \\
&= \frac{\rho g}{2E}L^2
\end{aligned} \tag{6.5}$$

結果は密度, 長さの2乗に比例し, ヤング率Eに反比例する.

コンニャクの場合, 断面が3cm×3cm, 質量141gで水平においた際の長さが17.0cmのものを, 鉛直にすると18.8cmになった. この数値を入れると, ヤング率は $E=7\times10^4$ Pa である.

6.3 弾性体に蓄えられるエネルギー

ここで, 一般に, ヤング率 E, 太さ A, 長さ L の棒の片方を固定して, もう一方を 0 から ΔL まで伸ばす場合に, 結果として蓄えられるエネルギーを求めよう. 以下の考え方は, すでに 3.1.1 項 a でしてあるので図 3.4 を参考にしてほしい.

今, x だけ伸びているとする. 加えなければならない力は

$$F(x) = f(x)A = EA\frac{x}{L} \tag{6.6}$$

である. そこで, $x=0$ から $x=\Delta L$ までにする際の全仕事は

$$W = \int_0^{\Delta L} \frac{EA}{L}x\,dx = \frac{EA}{2L}(\Delta L)^2 = \frac{1}{2}EAL\left(\frac{\Delta L}{L}\right)^2 \tag{6.7}$$

が得られる. ここで, AL は棒の体積, $\Delta L/L$ は伸びの割合, すなわち, 歪み ϵ である. 因子 1/2 は, ゼロから蓄えていく結果なので, 定積分値が $(x, 力)$ 平面において, 三角形の面積となっているためともいえる. 蓄えられるエネルギーは歪み ϵ の 2 乗に比例している. これは, また, 単位体積あたりのエネルギーが $E\epsilon^2/2$ であることを意味している.

6.3.1 弾性体から剛体極限への道

金属では, ヤング率は $E=10^{10}$ Pa もある. つまり変形しにくい. このヤング率が無限大のものが前章第 5 章で述べた剛体である. これは内的な自由度が無いことを意味し, 変形が無いので弾性体の運動に比べて扱いが簡単になる.

6.4 弾性体から流体への道

剛体極限とは反対に, ヤング率が小さい場合を考える. 前節で, 法線応力を議論したが, 一般に, 応力には, 法線応力の他に接線応力(ずれの応力)がある. 面に平行に働く方向が反対で大きさが同じ一組になった(単位断面積あたりの)力である. 接線応力は図 6.3 からも明らかなようにどの面で定義するかによって変わるものである

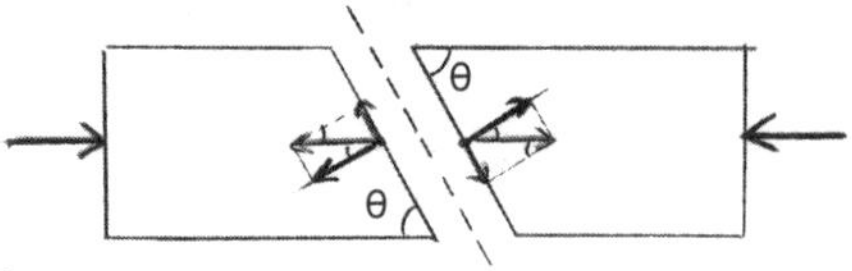

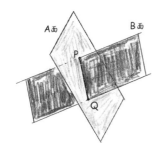

図6.3 ある面を決めると垂直応力と接線応力が定まる.

図6.4 ズレ応力が残っていない流体系では, あらゆる面に働く圧力は等しい.

ことに注意しよう.

そこで, ヤング率が小さい場合は, 接線応力によってどんどん変形してしまう. ヤング率が零の極限では, ずれ応力に対して反発することなく, それを感じないところまで, ずれてしまう. といっても, 物質は失われるわけではなく, その場に留まっている状態を考える. 結局, 最終的な状態としては, あらゆる面に対して法線応力(圧力) のみが働いている. この場合は, 系は必然的に等方的になる. すなわち, あらゆる面に関して圧力は等しい. このような連続体を流体という.

図6.4を見てほしい. A面に働く圧力とB面に働く圧力がもし異なっていると, 2つの面の交線では圧力の低い方にズレの応力が残っていることになって, ズレ変形が起こることになる. これは, 接線応力が残っていないという流体の定義に反する.

6.4.1 大気と水

私達のまわりでは, 静止している空気(大気) がこの性質を持っている. また, 静止している水もこの性質を持っていることに気がつく. 静止している気体・液体は圧力 P いう量だけで, 力学的な性質を記述できる. その圧力 P いう量は真性示強変数であって, 内的な示強的変数である密度 ρ と密接に関係している.

圧力の単位は単位面積あたりの力として N/m^2 の次元を持つがこれは $kg \cdot m^{-1} \cdot s^{-2}$ $=Pa$ でもある. ヤング率の次元と同じである. 地球の表面にいる我々は, 大気の重さによる空気の圧力を受けている. 標準大気圧を1気圧という. これは, 1.013×10^5 であるが, 通常100を意味するヘクト h を使って, 1013 hPa(ヘクトパスカル) という言い方が使われている.

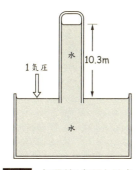

図 6.5 気圧が 1 気圧とは水の柱 10 m でもある．

図 6.6 あらゆる場所で圧力が一定なので，各面では面積に比例した力を受けている．

a. **水　圧**　水の場合は水圧と言われている．高さ 10 m の水圧が約 1 気圧である．図 6.5 を見てほしい．

6.4.2　パスカルの法則

　流体中で圧力が等方的に一様に働いているという性質から，次のパスカルの法則が容易に導ける．流体のどの部分であっても，流体に接している断面の面積に比例した力を受ける．図 6.6 のような油を使った加圧装置（油圧装置）もこの原理に基づいている．力が断面積の比だけ増幅されて現れる．ただし，動く距離はその逆比で短くなるので，仕事量が増大しているわけではない．

6.4.3　浮力に関するアルキメデスの原理

　このような静止流体の性質を考えると，浮力に関するアルキメデスの法則は当然の性質として理解出来る．重力が働いている流体系のある部分が動かないということは，その部分では重力を打ち消せす力が周りから働いていることを示している．そのある部分が流体以外のものであってもその事情は同じである．というわけで，物体はその物体が押しのけた流体に働く重力と同じ大きさの浮力を持つという原理は，自然である．アルキメデスの原理という．

水面に浮かんでいる円柱の振動　水面に垂直に浮かんでいる円柱の上下振動を考えよう．静止している際には，水面下の円柱の深さは ℓ とする．水の密度を ρ とする．静止状態へアルキメデスの原理を適用すると，

$$mg = \rho g S \ell \qquad (6.8)$$

である．ここで，m は円柱の質量，g は重力加速度，S は円柱の断面積である．ここで，両辺の g は落ちて，$m = \rho S \ell$ である．

　この状態から円柱の上面を押して，h だけ沈んだとする．浮力は $S\rho g(\ell + h)$ に増す．下向きを正として，ニュートンの運動方程式を作ると，

$$m\frac{d^2h}{dt^2}=mg-S\rho g(\ell+h)=-S\rho gh \qquad \boxed{6.9}$$

が得られる．これは変数が h の単振動である．2章の議論より，周期は

$$T=2\pi\sqrt{m/(S\rho g)}=2\pi\sqrt{\ell/g} \qquad \boxed{6.10}$$

となる．長さ ℓ の振り子と同じになった．もはや，円柱の質量 m や液体の密度 ρ によらない普遍的な現象になっていることがわかる．形も円柱である必要はない．角柱（直方体）でも同じである．最初にどこまで沈めたかにも依存しない．

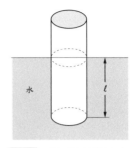

図6.7 水に浮く円柱を水の中で振動させよう．

6.4.4 圧力と体積の積

ここで，圧力 P と体積 V の積 $P\cdot V$ はエネルギーの次元を持つことに注意しよう．次からの7, 8章の熱力学では主として静止している流体を扱うことになる．そこでは，流体全体が $P\cdot V$ に比例する形で，内部にエネルギーを蓄えている．このエネルギーのもとは，構成している分子の運動エネルギーである．静止流体と言っても，構成している分子は，激しく動いている．しかし，あまりに多くの分子が，乱雑に動いているために，静止流体全体がある方向に動き出すことはない．そして，あまりに分子数が多いため，乱雑な動きが原因ではあるが，一定の力（圧力）として観察されることになる[*3]．

6.5 水の表面張力

ここで，液体において重要な役割を持っている表面張力について述べておく．特に，この作用が顕著な水について述べる．水では，1つの酸素原子のまわりに水素原子が2つという H_2O を作っているが，実は，この水素の位置が定まっていない．極めて短い時間 10^{-12} 秒で隣の酸素に所属する役割も果たしている．ただし，酸素と近接する酸素の間には常に水素は1つである．その意味で分子式 H_2O が成立している．このような水素原子の働きによって，酸素と酸素の間に強い相互作用が働いている．それが全体としてのネットワークを作っている．これによって，水分子の集団である水は液体として安定に存在する（固体と気体の間の温度領域が広い）．ただし，表面では，相手になる酸素原子がいないため，結合が作れず不安定になる．つまりエネルギーが上がってしまう．そこで，水は，表面を出来るだけ小さくしようとする．これが表面張力である．ゴムひものような弾性弦と同様にお互いに引っ張り合うと言う意味で，

[*3] 全体としてある方向に動いていたり，渦を巻いていたりする流体を扱う物理学の分野に流体力学がある．極めて，重要な領域であるが，本書では省略する．

単位長さあたりの力であるが，上記の見方では，単位面積あたりのエネルギー（つまり表面でのエネルギー密度）と呼ぶにふさわしい．このあたりは，1章でも述べた．値は，25℃で72×10^{-3} $\mathrm{N m^{-1}}$であるが[*4)]，この単位 $\mathrm{N\cdot m^{-1}}$ は $\mathrm{J\cdot m^{-2}}$ でもある．

6.5.1 コップの水を網で止める

水を網ですくうことは出来ない．しかし，図6.8のように 水を満たしたコップの水を網で止めることは出来る．一見不思議な感じを与える．網目のところで表面張力が働いているからである．しかし，この場合，水に働く重力を実質的に支えているものは何であるかは，単純な問題ではない．まず，表面張力を計算して見よう．網とコップの形から，金網で水を支えている部分の網は全長3m程度である．そこで，表面張力は，

$$F_s = 3\times 72\times 10^{-3}\,\mathrm{N} = 0.216\,\mathrm{N} = 0.216\,\mathrm{kg\cdot m\cdot s^{-2}} \qquad (6.11)$$

と評価される．重力加速度は $9.8\,\mathrm{m\cdot s^{-2}}$ なので，これに支えられる質量 m は，

$$\frac{0.216}{9.8}\,\mathrm{kg} = 0.022\,\mathrm{kg} = 22\,\mathrm{g}$$

となる[*5)]．

実際は，水は100 ml（100 g）以上あるので，20%程度である．残りの80%は何が支えているのであろうか？ それは，大気圧である．もっと詳しくいうと，コップの中の水の上の部分に出来た空間の低気圧部と大気圧の差である．この気圧差の寄与が

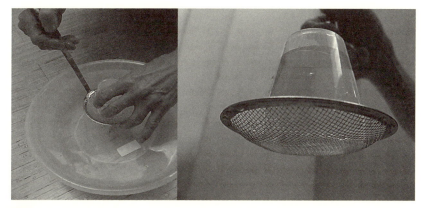

図6.8 コップの水を網で止める実験．「表面張力のため」と単純に言われることが多いが，実際は複雑である．

[*4)] 国立天文台編『理科年表平成27年版』，p.392（丸善出版，2014）．
[*5)] 水は大きな流体としては流れやすいが，小さな塊になるとツブツブになりやすい．実際，2mmから3mmの大きさを境に，流れやすい性質から，球状になって流れにくい性質に変わる．この境目を，毛管長という．

重要であるが，大気圧は水の柱 10 m＝1000 cm 分あるので，気圧差は 0.01 気圧程度である．大気圧がゆとりを持って，水を支えている[*6]．

結局，水を網で止めている状況は，水という物体を地球が万有引力で下向きに引っ張っているのを，水分子間の水素原子間が仲介とする力（究極的には電気的なクーロン力）と，大気の中での空気分子の動きによる気体圧力が，上向きに働いて，つり合っていると言える[*7]．もちろん，そのような全体の形状状況は，網を持つ手（腕）が支えているわけである．

[*6] ただし，表面張力で「フタ」をしてあるからこそである．実際，網の下から空気を吹きかけると，いっきに，水全体が落ちてしまう．

[*7] その大気圧の起源は，地球の表面に積み重なっている空気の層のためである．その形態は重力が作り出している．

7 熱 と 温 度

　1章で，圧力とは単位面積に働く力であるが，それはまた，その圧力の原因になっている集団では，エネルギー密度とも見なせることを示した．それに対応して，前章の最後に述べたように，圧力Pと体積Vの積$P \cdot V$はその気体全体の持っているエネルギーを示している．しかし，そのエネルギーによって気体の集団が全体としてある方向に動いているわけではない．エネルギーの溜め込まれ方は，3章で述べた形態とはずいぶん異なっている．そのような系をここでは扱う．

7.1 気体の記述

　エネルギーは示量的変数なので，気体を構成している要素（分子）の数に比例しているはずである．そこで，比例係数をC_0として，
$$P \cdot V = C_0 \cdot N \qquad [7.1]$$
と表記する．

7.1.1 アボガドロ数

　ここで，化学の分野で確立されたモルという概念を導入しよう．分子の分子数をグラム単位にするには，その分子をアボガドロ数N_{av}（数値は6.022×10^{23}で個数という無次元の量）集まった集団を作ればよい．そのアボガドロ数集まった集団を，1モルという．そこで，
$$P \cdot V = \eta \cdot N_{av} \qquad [7.2]$$
と書こう．さて，この比例定数ηは何であろうか？

7.1.2 熱量と温度の違い

　私たちは幼いころ，何となく，熱というもの（エネルギー）をたくさん持っていると熱く（温度が高い），熱が少ないと冷たいというように考えている．つまり，熱と温度をはっきりとは区別していない．

　しかし，やがて，熱（の量）と温度は違うことに気がつく．1章で述べた言い方をすると，熱（量）は示量的変数，温度は示強的変数である．集団系全体の熱量とその集団系の温度とは別のものである．

　実際には，温度とは，熱エネルギーを持った集団系において，その構成要素の1つの自由度あたりに分配されたエネルギーのことを言う．気体の場合は，分子1個あたりが持つエネルギーである．考えてみると，マクロ（巨視的）な存在である我々にとって，どうして，そんなミクロ（微視的）な量が基本になるのだろう．それは，私達の皮膚には，温点という温度を測るセンサーが付いているとこに起因している．熱

学は，私たちの体の構造に深く関係している．宇宙人の「熱学」と地球人の「熱学」は，力学，電磁気学などに比べて，かなり差異の大きなものであろう．

物理量を記述する変数として，全体の構成要素数に比例して，大きくなる示量的変数の方が基本的である．熱力学も示量的変数によって構築すべきという立場もある[*1]．しかし，私たちは温度 T という示強的変数は，本能的に知っている．それは，大気の温度というものを，皮膚にある温点というセンサーが直接感じ取るからである．そこで，本書では，温度 T という示強的変数を基本的に与えられた変数として導入しよう．単位は温度それ自体で，deg と記そう．ここで，日常使われている摂氏温度 t（℃）に対して，

$$T = t + 273 \qquad \boxed{7.3}$$

で定義される，ケルビンの絶対温度（K）を定義する．そこで，単位の deg の替わりに K とも表記する．この絶対温度を導入する意義は，本章で述べていくが，絶対零度が最も低い温度で，これよりも低い温度はないからである．結果として，気体では変数として圧力 P，体積 V，温度 T の間にある関係式で記述されることになる．そのような関係式

$$\Phi(P, V, T) = 0 \qquad \boxed{7.4}$$

を気体の状態方程式と言う．

7.1.3 理想気体

式（7.2）と（7.4）を比較して，比例定数の η が絶対温度 T を含んでいると，極めて扱いやすい系になる．しかしこの場合，式（7.2）の左辺はエネルギーという示量的変数である．右辺の N_{av} がその示量性を引き受けている．必然的に，η は示強的である．そこで，

$$\eta = k_B T \qquad \boxed{7.5}$$

とする．ここで，定数は k_B は 1 分子あたりの比例定数であって，ボルツマン定数と言う．

また，実は，$k_B N_{av}$ にも名前がついていて，気体定数といい R で表す．このようにして，1 モルあたりの状態方程式が

$$\Phi(P, V, T) = PV - RT = 0, \qquad PV = RT \qquad \boxed{7.6}$$

という極めて簡単な式となった．これで表される気体を理想気体という．これを理想気体の状態方程式（equation of state）という．ここで状態（state）とは系全体を P, V, T などのような少数の変数でおおまかに表現できるような挙動のことをいう．高校の理科ではボイルシャルル（Boyle-Charle）の法則と呼ばれている．もちろん，現実の気体はここからの差異がある．しかし，多くの気体では，かなり広い (P, V, T)

[*1] 例えば，清水明の著「熱力学の基礎」東京大学出版会

7.2 時間の流れの向きと「熱力学第2法則」

温度の導入によって，熱の関与する現象を扱いやすくなった．ただし，力学とは決定的に違う振る舞いを対象としていることには留意しておこう．

振子では右に振れた状態から左に振れた状態は繰り返して起こる．14章であつかう電気振動もそのような繰り返しになっている．

しかし，高温気体と低温気体を左右に分けておいて置いたものの境界をはずした場合，両者が中程度の温度となって，

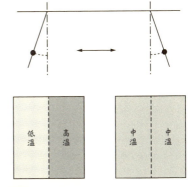

図 7.1 熱の動きは振り子の振れとは違う

熱の動きは止まってしまう．図7.1を見てほしい．熱の動きは（初等的な）力学・電磁気学では記述されえないものがあるようだ．

高温気体と低温気体を左右に分けておいて置いたものの境界をはずした場合からの変化は，逆に，中程度の温度を持った気体が，半分高温，半分低温になることは起こらない．これは「熱力学第2法則」と呼ばれるものの一つの表現である．この法則については次の8章で扱う．その際，この図7.1をもう一回議論する．

つまり，時間の流れに沿った変化しか起こっていない．あるいは，このような現象によって，時間の流れの向きが決まる，というべきかもしれない．

非平衡状態と平衡状態　時間の流れの向きの意味をもう少し考えてみよう．2つの系があって温度Tが異なるとき，2つを接触させると，高温の系から低温の系へ熱エネルギーが移って，最終的には両者がある共通の温度になる．これが時間の流れの向きである．「状態」の観点で考えると，共通の温度になってそれ以上の変化がないように見える．これを平衡状態という．それに対してはじめの，2つの系が接触したばかりの変化が起こってゆく状況を非平衡状態という．

系全体の温度という量は実は，平衡状態においてのみ定義できるものなのである．考えてみると，摩擦のような現象も，時間の流れに沿った変化しか起こっていない[*3)]．摩擦は熱学的現象なのである．電気回路における抵抗も，またそのような熱学的現象である．非平衡状態から平衡状態への変化（緩和という）が起こっている．その平衡

[*2)] 本書では発見・提案がなされた歴史的順番とは必ずしも一致していない順序になっている．
[*3)] 2.8節，3.4節を振り返ってみてほしい．

状態と非平衡状態との違いが，時間の流れに向きを与えているのである*4)．

7.3 内部エネルギー

6.4節，7.1節で繰り返して述べているように，$P \cdot V$ は次元はエネルギーであり，この気体が蓄えているエネルギーに比例するものであろう．そして，平衡状態においては，系の内的なエネルギー U を表記しているはずである．だからこそ，絶対温度として表記することが出来たのである．ただし，U と $P \cdot V$（1モルの場合 RT）との比例定数は決められない．1モルの場合，比例定数を1にするという方法もあるが，後で，式の意味づけを見やすくするため，ここでは3/2という係数をつけて

$$U = \frac{3}{2}PV = \frac{3}{2}RT \qquad \boxed{7.7}$$

と表す．この3/2の値は基本構成要素である分子の種類（単原子分子か多原子分子か）によって変わるが，ここでは単原子分子は3/2 という値になることを与えておくことにする．これは単原子分子は3方向への自由度を持って運動するからである．1つの方向へ進む自由度に $(1/2)k_\mathrm{B}T$ のエネルギーが分配されているため，3次元空間では，その3倍となっている*5)．

7.4 準静的過程

重力 g の場で，質量 m の物体を持ち上げるには，mg だけでは，動き出さない．図7.2を見てほしい．

重力 mg よりわずかに大きな力 $mg+\delta$ が必要である．しかし動き出すとそのまま上がってゆく．しかし，ある高さで止めようとすると，mg よりわずかに小さな力 $mg-\delta$ にする必要がある．差し引き，mg となる．この δ は時間がどの位かかっても良いならば，いくらでも小さく出来る．動かし方は極めて小さくなっている．その場合，つり合いを保ったままとみなせる．このような動かし方を準静的過程（quasistatic process）という．

7.4.1 ピストンの動かし方

気体の入ったピストンを動かす場合も，充分にゆっくり動かせば，つり合いを保っ

---

*4) 光については，10章において，波の性質を強調し，干渉の重要性を指摘するが，ここでは，光は最終的には熱（と呼ばれるもの）になることを指摘しておこう．波で記述される位相という概念は，結局は失われて，単に光が持っているエネルギーが，熱という沢山の自由度を持ったものに変わっている．その意味で，熱学は，この世界のあらゆる情報が必要となる極めて複雑な問題について，情報の劇的な縮約をして，我々に有益な示唆を与えてくれるシステム科学とも言える．これが，熱の物理学としての熱力学の特徴である．

*5) 酸素分子とか窒素分子のような2原子分子では原子間の振動の自由度へもエネルギーが与えられるため分子1つあたりのエネルギーの平均は $(5/2)k_\mathrm{B}T$ となる．これは統計物理学でのテーマとなる．

7.4 準静的過程　51

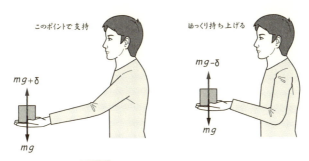

図 7.2　ゆっくり持ち上げる意味

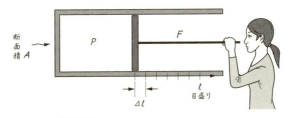

図 7.3　ピストンをゆっくり動かす

たまま動いていると見なせる．図 7.3 を見てほしい．

これも，やはり，準静的過程という．このような過程では，系が平衡状態にあり続けるとみなせるので，各点で，圧力 P，体積 V という量がはっきり決まる．つまり，(P, V) グラフ上に曲線で変化を描けることになる．

7.4.2　準静的過程ではない動かし方

図 7.4 のように，機械的なバネが入っているピストンを考える．

もし，ゆっくり動かしたら，そとに仕事がとりだせる．バネの場合，弾性力 F，と距離 $\Delta \ell$ の積が仕事 W であるが，断面積 A で，F を割って，$\Delta \ell$ に掛けることによって，

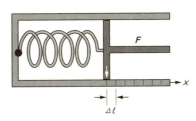

図 7.4　ピストンの内側がバネだったら

$$F \times \Delta \ell = \frac{F}{A} \times \Delta \ell \cdot A = P \times \Delta V \qquad \boxed{7.8}$$

のように，気体が圧力 P において ΔV の体積膨張をしている場合と同じになる．ところが，もし，急速に動かしたらどうだろう．バネは壊れない限り，得られる仕事に変わりはない．

a. 気体の自由膨張　他方，空気は一様なままついてはこれない．乱流が起こって

しまうだろう．もはや，準静的過程とは言えない．最悪の場合は，全く仕事が得られない場合もある．これは，仕切りを突然はずして，膨張させるのと同じである．そのような場合を自由膨張という．この場合は，膨張の前後でのみ平衡状態を与えるので，途中経過ではなく，その両者の間の変化を調べることになる．

7.5 現象論としての巨視的熱力学

温度 T という示強的変数を導入したので，これに基づいて，経験に基づく現象論を進めていこう．まず，熱量 Q もエネルギーの一形態であることを認めて，エネルギーの保存法則を拡張してみよう．

7.5.1 熱力学第1法則

系が外へした仕事 W の変化量 dW を導入すると，

$$dQ = dU + dW = \frac{3}{2}nRdT + dW \qquad \boxed{7.9}$$

という形になる．これは，系へ流入した熱量 dQ は系に内部エネルギー（internal energy）増加（すなわち，温度上昇）と系が外にした仕事 dW に使われるということができる．

熱量はカロリー（cal）という単位でよく表されるが，これはエネルギーの単位としてはジュール（J）で表される．両者の関係は，1 cal = 4.186 J である．これを熱の仕事当量という．

7.6 比熱，定積変化，定圧変化

ここからは簡単のため系のモル数を1としよう．熱量の流入 dQ は，気体の内部エネルギーの増加になる．他に仕事として使われることなく，それのみならば，

$$dQ = \frac{3}{2}RdT \qquad \boxed{7.10}$$

となる．もしも系の体積増加を伴うならば，それは外部への仕事 dW であり，圧力 P のもとでは PdV と記せるので，

$$dQ = \frac{3}{2}RdT + PdV \qquad \boxed{7.11}$$

となる．すなわち体積膨張の方へも熱量というエネルギーが使われる．

そこでモル比熱 C という量を導入しよう．系の温度を上げるために必要な熱量エネルギー（の比）であって dQ/dT である．上の議論から，系が体積増加を伴わない場合（定積）と伴う場合（定圧）とで異なることがわかる．すなわち，前者が定積モル比熱 C_v で，式（7.10）で dQ/dT を求めると

$$C_v = \frac{3}{2}R \qquad \boxed{7.12}$$

である．後者は定圧比熱であって，同様に式（7.11）から dQ/dT を実行すると

$$C_\mathrm{p} = \frac{3}{2}R + \frac{d}{dT}(PdV) \qquad (7.13)$$

であるが，ここへ理想気体の状態方程式（7.6）を代入すると，

$$PdV = RdT \qquad (7.14)$$

なので結局

$$C_\mathrm{p} = \frac{3}{2}R + R = \frac{5}{2}R \qquad (7.15)$$

となる．ここで，式（7.11）は式（7.12）を使うと

$$dQ = C_\mathrm{v}dT + PdV \qquad (7.16)$$

と記せることに注意しよう．また，$C_\mathrm{p} > C_\mathrm{v}$ であり，その比 $C_\mathrm{p}/C_\mathrm{v}$ を比熱比（$\gamma > 1$）と書く．理想気体では $C_\mathrm{p} = C_\mathrm{v} + R$ なので，次のようになる．

$$\gamma = 1 + \frac{R}{C_\mathrm{v}} \qquad (7.17)$$

7.7 断熱変化と等温変化

7.7.1 断熱過程は素早い操作

前節は系に熱エネルギーを与えた場合であるが，系に熱エネルギーを与えないで系の体積変化をさせる場合を考えよう．これを断熱変化と呼んでいる．文字通り熱を遮断して行われる過程であるが，多くの場合，熱の出入りが間に合わない位に素早く行われる操作過程に対応している[*6]．この場合，

$$dQ = 0 = C_\mathrm{v}dT + PdV \qquad (7.18)$$

であり，ここへ $P = RT/V$ を用いると，

$$C_\mathrm{v}\frac{dT}{T} + R\frac{dV}{V} = 0 \qquad (7.19)$$

を得る．これはよく比熱比 γ を用いて

$$\frac{dT}{T} + (\gamma - 1)\frac{dV}{V} = 0 \qquad (7.20)$$

と書かれる[*7]．

[*6] 急激な変化―瞬時変化（過程）―という言い方が当てはまる．断熱変化（過程）という用語は正しいが初歩的段階では理解しにくいと思われる．

[*7] これは積分すると

$$\log T + (\gamma - 1)\log V = 一定 \qquad (7.21)$$

となりこれは

$$TV^{\gamma - 1} = 一定 \qquad (7.22)$$

を意味している．またこれは理想気体の状態方程式 $T = PV/R$ を使うと，

$$PV^\gamma = 一定 \qquad (7.23)$$

を与える．これは微分方程式を直接解いていることに対応する．

54　7. 熱と温度

a. 微小変化　本章では，ここまで，一般にある変数 X の微小変化として，dX を使っている．これは，変化を小さくしていった極限として，微分積分の符号になっている便利な用法である．しかし，この記法に不慣れな読者もいるであろう．その場合，変数 X の充分に小さいが有限な変化量として，2 章で用いた ΔX という記法をしてほしい．つまり，今までの dX はすべて ΔX として成立する．この場合，式 (7.20) の微分方程式に対応するものは，

$$\frac{\Delta T}{T}+(\gamma-1)\frac{\Delta V}{V}=0 \qquad \boxed{7.24}$$

これは

$$\frac{\Delta T}{\Delta V}=-(\gamma-1)\frac{T}{V} \qquad \boxed{7.25}$$

である．これは，変化の割合がもとの変数の割合に比例している，T という関数が V という変数のべき関数であることを示唆している．そこで，

$$T=AV^y \quad (\text{ただし } A=\text{定数}) \qquad \boxed{7.26}$$

とおいてみる．実際，この関数 T の V についての微分は AyV^{y-1} であり，これは yAV^yV^{-1} なので，$y(T/V)$ となる．すなわち，$y=-(\gamma-1)$ であることがわかる．結果として断熱変化の式

$$T=AV^{-(\gamma-1)}, \qquad TV^{\gamma-1}=\text{一定} \qquad \boxed{7.27}$$

が得られる．ここへ理想気体の状態方程式 $T=PV/R$ を代入すると，R は定数なので，

$$PV^\gamma=\text{一定} \qquad \boxed{7.28}$$

を得る．

b. 断熱変化は自然な過程　以上によって，「ピストンでの操作」は当然，外部から「仕事をして，圧力を高める」ことであり，その仕事によって系の内部エネルギーは増す．つまり，温度が上昇する．図 7.3 でピストンを押し込むとき，熱の出入りがないと，内部の気体の温度が上がる．日常の生活では例えば，自転車のポンプでチューブに空気をいれるとタイヤが暖まっていることはよく経験する[*8,9)]．

逆に，膨張という体積増加は，外部へ仕事をするので，気体系は内部エネルギーを失って，温度が下がる．スプレーなどを使っていると，スプレー缶が冷えているということも注意していると気がつく．

[*8)] ピストンでは気体の量が変わらないので体積が減るが，タイヤでは，タイヤの体積がほぼ一定で，気体の量が増えるという違いがある．

[*9)] 気象学で有名なフェーン現象は次のようなメカニズムで起こる．湿気を含んだ空気が山の斜面を登り，山頂付近で雨を降らせる．標高が上がるが，温度の低下は少ない．その後，乾燥した空気が，山頂から吹き下ろす際に断熱圧縮によって極めて高温になる．地形的に起きやすい場所がある．日本では山形市などである．

7.7.2 等温変化

さて，極めて自然な断熱過程に対して，高校で「当たり前」として習う等温過程は，かなり複雑である．気体は圧縮すると温度が上昇してしまうので，温度を一定に保つには，気体からどんどん内部エネルギーを廃熱として逃がさなければならない．そのような廃熱装置が完璧に働いている場合に，等温圧縮が起こる．

また，気体を膨張させると，温度が下降してしまう．そこで，一定に保つために外部から熱エネルギーを与えてあげる必要がある．これがなされてはじめて，等温膨張が可能になる．

a. 熱溜　このように，気体系の温度を一定に保つ外部の装置として熱溜がある．ある温度を持ち，極めて熱容量が大きく，かつすみやかに，熱を出し入れできる働きが必要である．一般に，大気，大きな水槽内の液体などがこれにあたる[*10)]．

b. 理想気体の状態方程式　このような等温過程では

$$PV = 一定 \qquad \boxed{7.29}$$

となる．これは上記の理想気体の状態方程式から容易に記述されるが，熱溜の存在という深い意味があることを知ってほしい．

このような等温変化では $dT=0$ なので，

$$dQ = PdV \qquad \boxed{7.30}$$

で記述される．つまり，気体の膨張において，流入した熱量はすべて体積増に使われて，気体の内部エネルギーに変化はない．この過程の dQ はまた気体系が外にした仕事 dW に対応している．

また，気体の圧縮においては，そとから与えた仕事はすべて，熱として，外部に出ている．そして，気体の温度は変わらない．

でも，気体は膨張なり，収縮なりしているので，何かが変わっている．そのあたりの議論を次の章で行おう．

(数学的説明)　べきの微分

2.2 節の数学的説明より，関数 $f(t)$ が At^n という「べき」の形をしていると，微分は

$$\lim_{h \to 0} \frac{\Delta f}{\Delta t} = \lim_{h \to 0} \frac{A(t+h)^n - At^n}{h} = \lim_{h \to 0} \left(nAt^{n-1} + \frac{h^2 \text{以上の項}}{h} \right) = nAt^{n-1} = n\frac{f(t)}{t} \qquad \boxed{7.31}$$

となる．これにより，式 (7.25) から式 (7.26) のべきの形の予測は自然である．

[*10)] 熱溜の条件は大きな系であることに加えて，熱伝導性が極めて良く，全体の熱的均一性が速やかに保たれることも重要である．これも教科書になかなか載っていないが重要なことである．

8 熱学の展開
——エントロピー概念の導入

7章で，熱エネルギーと温度を導入した．これらは，系を構成する粒子が極めて多いという状況のもとで作られる概念である．そこで，「巨視的物理量」と言われている．このような系では構成する粒子が小数の系では考えられないような新たな性質が生まれる．その物質を表す代表的な物理量「エントロピー」である．

8.1 理想気体の等温膨張

1気圧の大気という熱溜のなかにあるピストンのついたシリンダーを考える．中に理想気体を入れて，体積 V_1 に圧縮されていて，2気圧になっているとする．これを図7.3に描いたように，準静的に動かして，2倍に膨張させる．図8.1を見てほしい．中の理想気体の圧力は2気圧になるが，熱溜に接しているため，膨張の前後で，温度は変わらない．でも，気体はピストンを押すことによって，外部へ仕事をしている．これは熱溜から流入した熱量が仕事に変わったからである．この過程では，気体は，受け取った熱エネルギーを外部への仕事として受け渡す単なる「仲介物」のようにも思える．そこで，気体は，いったい，何が変わったのであろうか，という問題を考えてみよう．

ともかく，大気圧 P（1気圧であるが P と記す）に逆らって体積を dV だけ増すので，

$$dW = PdV \tag{8.1}$$

だけの仕事をする．そこで，体積を V_1 から V_2 へ増加させる過程での全仕事 $W_{1\to 2}$ は

$$W_{1\to 2} = \int_{V_1}^{V_2} PdV = RT \int_{V_1}^{V_2} \frac{dV}{V} \tag{8.2}$$

となる．この定積分を実行すると，$RT \cdot \log(V_2/V_1)$ が得られる．これは

$$\frac{W}{RT} = \log \frac{V_2}{V_1} \tag{8.3}$$

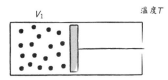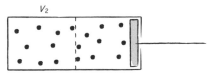

図 8.1 温度 T の熱溜に接している系が，等温膨張で2倍になった際に変化しているものは何か？

を意味する．この仕事 W は熱溜から流入した熱量であるので Q とも書ける．さらに，$R=N_{av}k_B$ であることから，

$$\frac{Q}{T}=k_B N_{av} \log \frac{V_2}{V_1} \quad \boxed{8.4}$$

が得られる．

ここで，右辺の $N_{av} \log(V_2/V_1)$ は何であろうか．今，議論を簡単にするため，2倍への膨張（すなわち，$V_2=2V_1$）と仮定しよう．するとこれは，N_{av} を単に N と書くと，$\log 2^N$ になる．これについては，節をあらためて論じよう．

8.2 膨張の前後で変わるもの

ここで，分子 N 個すべてが左側にあるという初期配置は，膨張後において戻れる確率は完全にゼロではないことに注意しよう．N が小さいうちは可能性が結構ある．1つの分子が左側にある確率は1/2なので，4個なら，可能性は1/2の4乗で1/16もある．しかし，ここで扱っているのはアボガドロ数個という膨大な数であって，可能性は $(1/2)^N$ であって，戻ることは実質的に不可能である．戻ってしまうと，左側が2気圧の状況で，右側が0気圧（真空）となっていて，このような変化は，明らかにおかしい．つまり，$(1/2)^N$ は戻れない程度を表している．これはまた，分子 N 個が左側にあるという情報が失われたことを意味している．しかし，理想気体である限り，$P \times V$ は同じで温度の変化が無いので，エネルギーは変わっていない．ここにおいて，気体分子集団について，エネルギーという「モノの変化量」とは別に，「コトの変化量」に関する量を導入する気持ちが湧いてくる．しかし，$(1/2)^N$ はあまりに小さい量なので[*1)]，対数をとる．それではマイナスになるので符号を変えて，次のようにして「コトの変化量」に関する量を定義する．次元として，エネルギーを温度で割ったものにするため，ボルツマン定数 k_B を付ける．

$$-k_B \log \left(\frac{1}{2}\right)^N = k_B N \log 2 \quad \boxed{8.5}$$

これを2倍膨張に関するエントロピーと名付けよう．この量は，情報の失われ方を対数で表示している．

8.2.1 エントロピーの一般化

見方を変えると，この 2^N というのは，V_2 の中を左側と右側に2等分した際に，N 個の分子が取りうる全状態の数を示している．

以上により，エントロピーの一般的定義を

$$S = k_B \log (\text{とりうる状態の数}) \quad \boxed{8.6}$$

[*1)] 本当の理由はほかにあるが後で述べる

として導入しよう．このとりうる状態の数は N とともに膨大に増加するが，対数をとったエントロピーという量は N の大きさで増加するものであり，示量的な量になっている．
この量の変化 dS が，8.1節で述べた，式（8.4）の dQ/T にあたるので，

$$dS = \frac{dQ}{T} \qquad [8.7]$$

となっている．このように定義したエントロピーは，もとに戻れない程度を示しており，外から仕事を与えない限り，決して減少することはない．あるいは，この性質を使って，時間の流れの向きが決まっているとも言える．これもまた7.2節で導入した「熱力学第2法則」の表現の一つである．

(数学的説明) 対数化—示量的物理量を作る

エントロピーを対数をとって定義した．しかし，取りうる場合の数 Ω というもの自体を物理量としても同じことではないか，という考えが浮かぶ．でも，対数をとってエントロピーを導入した．その理由を述べておこう．もし，Ω を使うとしたら，系Aの場合の数 Ω^A，系Bの場合の数 Ω^B を合わせると全体の場合の数 Ω^0 はそれらの積になってしまう．これでは，エネルギーとか体積とか，系Aの量と系Bの量の和になる量，示量的な量になっていない．だからといって，温度 T のように，大きさによらない示強的な量でもない．劇的に量に依存する，いうなれば「超示量的な」量になっている．そこで，これを何とか，系における量の和で表現できるようにしたい，と考えて導入されたのが，（結果からふり返ってみた）動機なのである．実際，対数には，ベキ乗を単なるかけ算にする働きがある．ここで，スターリングの公式と呼ばれるものを示しておこう．

$$N! = N \log N - N \qquad [8.8]$$

これは近似式であるが，N のオーダーに対しては等号が成り立っている．つまり，巨視的熱力学では「正しく成立する式」なのである．
これに基づいて，系Aと系Bを考え，系Aが個数 N，系Bが個数 M であるとする．すると，

$$k_B \log a^{N+M} = k_B(N+M) \cdot \log a = k_B \{N \cdot \log a + M \cdot \log a\} \qquad [8.9]$$

である．これは全体のエントロピーは系Aのエントロピーと系Bのエントロピーの和で表せることを示している．すなわち，加算的（additive）になっていて，エントロピーという量を示量的にしている．物理学概念として積であるものを，扱いやすい和の計算で扱って，示量的する．その操作に対数は必須なのである．

8.3　熱学の進展がもたらしたもの

気体のなす仕事は，圧力 P と体積 V の積の形をしている．過程によって，示強的

変数 P は一定のこともあるし，変わる場合もある．しかし，いずれにせよ，示量的変数の体積 V の変化が仕事の変化になっている．他方，熱量の流れ dQ を考える．大切な量は示強的変数の温度 T である．実際，熱量の流れの過程では，T は一定のこともあれば，変わる場合もある．それを考えると，熱の流れ dQ において，エネルギーを温度 T で割った次元を持った示量的変数が存在すると仕事と熱の対応がついて極めて便利であることが予想される．その変数がエントロピーだったのである．具体例で積 $P\cdot V$ と $T\cdot S$ の対応付けを述べておこう．示強的変数である圧力の高い部位と低い部位が接すると，共役な示量的変数である体積が低圧部で減らし，高圧部で増やす．これは「体積の流入」と言えなくもない．そうすると，示強的変数で温度の高い部位と低い部位が接すると，共役な示量的変数であるエントロピーが高温部で減らし，低温部で増やす．これは「エントロピーの流入」と言える[*2)]．

ともかく，積 $P\cdot V$ がエネルギーを示すように，$T\cdot S$ もまたエネルギーを示す．気体の内部エネルギー U の増加量 dU が，熱量 dQ を受けた分から外部への仕事 $dW=PdV$ を取り去ったものであることから熱力学基本式

$$dU = TdS - PdV \qquad (8.10)$$

の形になって得られる．

8.4 外部からの熱によって動く熱機関として——カルノーサイクル

体積と圧力を変えて，(v,p) 面において 1 回りすることによって，実質的に外部に仕事を取り出せるものを熱機関としてのサイクルエンジンという．熱力学におけるモデルとして最も重要なものがカルノーサイクルである．このモデルはカルノーエンジンとも言われており，極めて理想化されたモデルである．そのためエンジンとしては実用的でないと同時に現実的でもない．それは，あらゆる時間で準静過程が仮定されているからである．しかし，そのために平衡状態での性質による理解が可能なため，熱力学の基礎概念を与えるものになっている．

このサイクルは既によく知られている温度一定の過程，断熱過程の 2 種類の過程を組み合わせて (v,P) 空間内でサイクルを作り，そのサイクルによって，外部へ仕事を永続的に取り出す装置を作るのである．ここで，サイクル全体で仕事を取り出せればよく，ある過程では一時的に仕事を外から加えてやっても良い．用意する熱溜は絶対温度 T_h 高温源と温度 T_l の 2 つである．

図 8.2 (a) (b) を見ながら次の文を読んでほしい．以下の 4 つの過程を考える．

[*2)] 「増減が逆転している」という指摘がでるかもしれない．これは，実は「温度」の定義のためである．もし，示強変数として，温度の逆数を定義すると，同じになる．実際，統計力学では，絶対温度 T にボルツマン定数 k_B をかけて逆数にした $1/(k_BT)$ を β として示強変数に使う場合がある．

8. 熱学の展開—エントロピー概念の導入

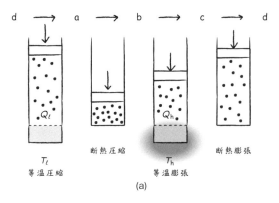

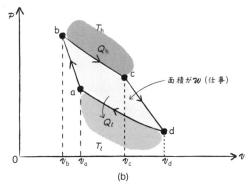

図 8.2 カルノーサイクル．(a) 横軸は媒体となる気体の体積 v，縦軸は圧力 p．4 つの過程を時計回りに回る．(b) カルノーサイクルの各過程での動き．4 つの過程でもとの状態に戻る．abcd で囲まれた部分の面積は一回りした際，外部に取り出せる正味の仕事である．

まず，膨張しきっていて，定温 T_l の気体がある．d 状態と呼ぶ．1 モルとする．

① **d→a**

ピストンを押して外部から仕事をして，低温 T_ℓ での等温圧縮をする．この過程では低温源へ廃熱をしているので気体系としてはエントロピーの減少が起こる．廃熱量を $-Q_\ell$ とする．

$$-Q_\ell = \int_d^a P dv = RT_l \int_{v_d}^{v_a} \frac{1}{v} dv = RT_l \log \frac{v_a}{v_d} \quad \text{つまり，} \quad Q_\ell = RT_l \log \frac{v_d}{v_a} \qquad \boxed{8.11}$$

を得る．a 状態に達する．

② **a→b**

a 状態から，ピストンをさらに押して外部から仕事をして，断熱圧縮をする．これによって，温度が T_l から T_h へ上昇する．この過程では熱の出入りがないのでエント

ロピーは一定である．

$$T_l v_a^{\gamma-1} = T_h v_b^{\gamma-1} \tag{8.12}$$

その結果，高温 T_h で収縮した状態である b 状態が出来る．

③ **b→c**

もはや気体はピストンを押し返そうとしている．そこで，押し返されるピストンを利用して外部へ仕事をさせて，高温 T_h での等温膨張をさせる．この際は高温源に接しているので，高温源から熱が流入している．気体系はエントロピーの増大が起こっている．流入する熱量を Q_h とする．

$$+Q_h = \int_b^c P dv = RT_h \int_{v_b}^{v_c} \frac{1}{v} dv = RT_h \log \frac{v_c}{v_b} \tag{8.13}$$

④ **c→d**

さらに，押し返されるピストンを利用して外部へ仕事をさせて断熱膨張をさせる．この際，温度は T_h から T_l へ低下する．ここでは，熱の出入りがないのでエントロピーは一定である．

$$T_h v_c^{\gamma-1} = T_l v_d^{\gamma-1} \tag{8.14}$$

これで，気体はものと d 状態にもどった．4 つの過程を経ている．これをカルノーの 4 サイクルという．

ここで，仕事が体積 v の関数である圧力 $P(v)$ をある体積 v_i から v_j まで積分したものであることを考えると，1 回のサイクルまわると，高温源から得た熱量 Q_h から系は仕事をし，その残りを低温源に Q_ℓ として渡していることがわかる．つまり，熱い気体を膨張させて外部に大きな仕事をさせて，外部からは冷えた気体を圧縮して比較的小さな仕事ですませているわけである．サイクル全体として，外部に（正味の）仕事を取り出している．

それでは低温源に渡す熱量 Q_ℓ をゼロにできればすべての熱量を仕事に変えれることになる．それでも熱力学第 1 法則，即ち，エネルギーの量としての保存則は満たしている．はたして，これは可能であろうか．これがもし可能であれば大変に効率がよい．ここで効率 η を

$$\eta = \frac{外部へした仕事}{高温源から得た熱量} = \frac{Q_h - Q_\ell}{Q_h} = 1 - \frac{Q_\ell}{Q_h} \tag{8.15}$$

と定義する．

この効率は，熱量比によっているが，実はこれは温度比そのものでもある．それが，カルノーサイクルの特徴である．それを導く．この熱量比は，式 (8.11)(8.13) より

$$\frac{Q_l}{Q_h} = \frac{RT_l \log \left(\frac{v_d}{v_a}\right)^{\gamma-1}}{RT_h \log \left(\frac{v_c}{v_b}\right)^{\gamma-1}} = \frac{T_l}{T_h} \log \left(\frac{v_d}{v_a} \cdot \frac{v_b}{v_c}\right)^{\gamma-1} \tag{8.16}$$

である．他方，式（8.12）（8.14）より

$$\frac{T_h}{T_\ell} = \left(\frac{v_a}{v_b}\right)^{\gamma-1} = \left(\frac{v_d}{v_c}\right)^{\gamma-1} \qquad \boxed{8.17}$$

となっていることに注意すると，

$$\frac{v_a}{v_b} = \frac{v_d}{v_c} \quad \text{すなわち,} \quad v_a v_c = v_d v_b \qquad \boxed{8.18}$$

なので，式（8.16）の log の部分は 1 になって，

$$\frac{Q_\ell}{Q_h} = \frac{T_\ell}{T_h} \qquad \boxed{8.19}$$

を得る．効率というものが，用意する高温源の温度と低温源の温度で決まってしまう．エンジンの大きさなどに寄っていない．効率が一般的な量になっている．

8.5　カルノーサイクルでのエントロピーの変化

さて，カルノーサイクルにおけるエントロピー変化を考えてみよう．図8.3を見てほしい．これは，横軸が体積，縦軸がエントロピー S である．まず，断熱変化 a→b および c→d では，そもそも熱量の出入りがないので，エントロピー変化の定義から，エントロピーは不変である．断熱変化とはエントロピー一定の過程なのである．

次ぎに等温変化の場合を論ずる．気体が膨張する場合，前章で議論したように，気体のエントロピーは増加する．内部エネルギーは不変だが，エントロピーは変わっている．断熱膨張から考えると，気体は膨張によって，温度が下が

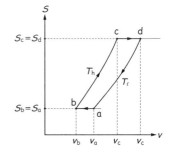

図 8.3　カルノーサイクルにおけるエントロピーの変化．横軸は体積．断熱過程ではエントロピーは一定なので水平線となる．

るはずなのに，外部から熱量が供給されるために，温度が一定に保たれている，とも言える．

気体が等温的に圧縮する場合は，断熱圧縮から考えると，温度は上がるはずなのに，外部へ熱量が放出（排熱）されることで，温度が一定に保たれている．すなわち，気体のエントロピーは排熱によって減少している．

さて，カルノーサイクルは，すべての過程が，準静的になっている．それは，逆に動かすことが可能であることを意味している．これを可逆的という．

ところが，サイクルの前後において，気体のエントロピーを増加してしまうと仮定すると，逆に回した際に，気体のエントロピーは減少してしまう．

これは，エントロピーが減少する過程は作れないとする熱力学第2法則に反する．
かくて，可逆的に動かし得るカルノーサイクルは，エントロピーが一定である．
それは

$$\frac{Q_h}{T_h} - \frac{Q_\ell}{T_\ell} = 0 \qquad \boxed{8.20}$$

を意味している．これは，

$$\frac{Q_h}{Q_\ell} = \frac{T_h}{T_\ell} \qquad \boxed{8.21}$$

である．これは式 (8.19) でもある．

このことは，同時に，この温度比で決まる効率以上のエンジンは原理的に不可能であることを意味している．以下，それを証明する．まず，可逆的に動くカルノーエンジンでは，平面 (V, P) で時計回りに回して得た仕事 $W = Q_h - Q_\ell$ を貯めておいて，それを再びカルノーエンジンにつぎ込んで反時計回りに回すと，低温源から Q_ℓ を取り込んで，高温源に Q_h を返すことが出来ることを確認しておこう．

さて，カルノーエンジンよりも効率の良いエンジンがあった仮定すると低温源へは Q_ℓ より小さな $Q_\ell - \Delta q$ の排熱になっている．その分 Δq は仕事 Δw に変わっている．全体で $W + \Delta W$ の仕事を得ている．そこで，そのうちの W だけ使って，カルノーエンジンを反時計回りにまわす．すると，高温源は，Q_h を出して Q_h を得ているので，元に戻っている．しかし，低温源は，$Q_\ell - \Delta q$ を得て，Q_ℓ を失うので，Δq だけ減ってしまっている．

これは仕事 Δw になっている．これは仕事なので，摩擦熱発生などで，高温源に与えることが可能である．すると，低温源から高温源に熱が移動したことになってしまう．それぞれのエンジンは（その中の気体は）一回りしてもとに戻っている．熱が自発的に（他から何の影響も受けずに）低温源から高温源に移動している．これは前章の節7.2で論じたように，時間の流れに反する，つまり熱力学第2法則からあり得ないのである[*4)]．

以上によって，「カルノーサイクルよりも効率の良いエンジはありえない．」なお，このフレーズ自体も熱力学第2法則の一つの表現である．

8.6　エントロピー増加過程

ここで，7.2節に戻って，高温気体を左に，低温気体を右に分けておいたものの境界をはずした場合を考えてみよう．この場合，高温気体から熱量 ΔQ が出て，それが低温気体に移動する．エネルギーとしては，全体として保存している．ところが，エ

[*4)] 図7.1で中温域と別の中温域から低温域と高温域が自発的に作れてしまう．

ントロピーは高温気体からは，$\Delta Q/T_h$ が出ていき，低温気体ではそれが，$\Delta Q/T_\ell$ の増加になっているため，結果として，

$$-\frac{\Delta Q}{T_h}+\frac{\Delta Q}{T_\ell}>0 \qquad \boxed{8.22}$$

である．すなわち，増加している．高温気体と低温気体が直接，接するとエントロピーは必ず増加するのである．なぜか，という質問への答は難しいが，乱流の発生のような乱雑な振る舞いが避けられない，とも言える．他方，カルノーサイクルのような，高温源と低温源が直接，接することがない過程では，エントロピーが一定に保たれるのである．現実のエンジンでは，高温源と低温源が接しないように動かすことは不可能であり，かならず，エントロピーが増加してしまう[*5)]．

[*5)] 7章で，等温膨張でエントロピーの変化量を定義したが，それはシリンダー内気体のエントロピーの増加量であった．このシリンダー内気体へ熱量を与えている高温源からは，同じ量のエントロピーが出ている．その意味で，等温膨張をしつつ外部の仕事をする系は，全体としてはエントロピーが保存する系であった．しかし「エントロピー」という概念をまず理解してもらうために，第7章のような限定した系（気体）のエントロピーを導入をした．自由膨張などと比較しての議論は，夏目雄平『やさしい化学物理』（朝倉書店）3章を参照されたい．

9 波の表現

9, 10章は波について述べる．これらは何らかの繰り返しの模様が伝わる現象である．それを伝える空間（またはそこにある物体）を媒質という．音の波では媒質は連続体（空気も含む）であるが，光の波では，「真空」それ自体も媒質になりうる．

9.1 模様が進む

まず，図9.1のアルファベットを見てほしい．上から時間が $(1/8)T$ 秒ずつ経っているとしよう．

各点で列を上から下にながめると，T 秒後には，同じ文字になる．そこで，T を周期という．

一方，ある時間で，行を横にながめると，やはり文字の繰り返しが見られる．同じ文字に達するまでの（空間的な）長さを波長 λ という．

つまり，この模様を表す関数を $W(x, t)$ とすると，

$W(x+\lambda, t) = W(x, t), \qquad W(x, t+T) = W(x, t),$
$W(x+\lambda, t+T) = W(x, t)$

9.1

↓縦

(0/8)T	A	B	C	D	E	Ⓕ	G	H	A	B	C	D	E	F	G	H
(1/8)T	H	A	B	C	D	E	F	G	H	A	B	C	D	E	F	G
(2/8)T	G	H	A	B	C	D	E	F	G	H	A	B	C	D	E	F
(3/8)T	F	G	H	A	B	C	D	E	F	G	H	A	B	C	D	E
(4/8)T	E	F	G	H	A	B	C	D	E	F	G	H	A	B	C	D
(5/8)T	D	E	F	G	H	Ⓐ	B	C	D	E	F	G	H	A	B	C
(6/8)T	C	D	E	F	G	H	A	B	C	D	E	F	G	H	A	B
(7/8)T	B	C	D	E	F	G	H	A	B	C	D	E	F	G	H	A
(8/8)T	A	B	C	D	E	Ⓕ	G	H	A	B	C	D	E	F	G	H
(9/8)T| H	A	B	C	D	E	F	G	H	A	B	C	D	E	F	G |←横

図9.1 縦方向が時間の流れを示しており，8行で元の字に戻る．この8行分を周期 T と言う．また，横方向は空間のある方向への模様を示している．8文字で元に戻るので，この8文字の長さを波長という．さて，1行目の左から6文字目の位置では初め F である．それが，時間と共に，E, D, … と左側にあった文字がやってくる．そして A は $(5/8)T$ の時にやってくる．つまり，1文字目の位置に比べて $(5/8)T$ だけ「時間の遅れ」があって波がやってくるとも言える．

66　9. 波の表現

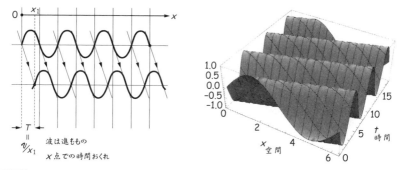

図 9.2　波はこのような形が進んでゆくものである．切り取って動かしてほしい．ある点では，時間ともに変わる上下運動になっている．その動きが，時間的に遅れて空間を伝わってゆくともみなせる．右図は波長 2π の波が時間の経過とともに空間を右へ進んで行く様子を立体的に表している．

が成立する．

まずは，波の絵を描いたものを切り取ってそれを動かしてほしい．

図 9.2 を見てほしい．このグラフは三角関数である．各点では，単純な上下運動であるが，それが，時間遅れを持って伝搬してゆくところに本質がある．サッカーの観客席で起こる「ウエーブ」のようなもので，各自は立ち上がって座るだけであるが，模様はうねってある方向へ進んで行く．

9.2　進む模様の記述

ここで，各点での基本的な運動が単振動の場合，

$$f(t) = \sin\{\omega t\} = \sin\{2\pi\nu t\} \qquad (9.2)$$

という，時間を変数とする三角関数で表記されるが，波の伝搬による模様もまた空間座標を変数とする三角関数で表される[*1)]．

1回の振動で，波長 λ の波が発射されるので，振動数 ν では，1秒間には $\lambda \times \nu$ の波がどんどん流れ出す．それが波の進む速さ v なので，

$$v = \lambda \times \nu, \qquad \lambda = \frac{v}{\nu}, \qquad \nu = \frac{v}{\lambda} \qquad (9.3)$$

という関係式が得られる．また，$1/\nu$ を周期といって T で表記されることが多い．

さて，実際に原点から伝わっていく波を表現する式を作ってみよう．

式 (9.2) を原点での振動を表しているとすると，原点から距離 x_1 離れている場所

---

*1) 実際には，上記のアルファベット系列でもわかるように三角関数に限らないが，三角関数が，もっとも便利である．その便利さは，理論的には「フーリエ変換」という数学で示されている．このあたりは，拙著『計算物理 I』の 12 章に詳しい．

では，波が伝わって来るのに要する時間遅れ τ がある．それは，その時間遅れ τ が，波の距離 x_1 を速さ v で割ったもので表せることから，三角関数の変数を

$$f(t,x)=\sin\{2\pi\nu(t-\tau)\}=\sin\left\{2\pi\nu\left(t-\frac{x_1}{v}\right)\right\} \qquad (9.4)$$

としたもので，点 x_1 での動きが表記出来る．じつは，距離 x_1 を特殊な一点と考えたが，一般化して x と置いても成立する．このあたりが，3.1節の数学的説明でも論じた数学の力である．これを波の表現式と言う．

$$f(t,x)=\sin\left\{2\pi\nu\left(t-\frac{x}{v}\right)\right\} \qquad (9.5)$$

なお，式 (9.3) より，ν/v は波長 λ の逆数であるが，これに 2π をかけたものを波数 k という．

$$\frac{\nu}{v}=\frac{1}{\lambda} \quad つまり，\quad k=\frac{2\pi}{\lambda}=\frac{2\pi\nu}{v}=\frac{\omega}{v} \qquad (9.6)$$

これを使うと

$$f(x)=\sin\{\omega t-kx\} \qquad (9.7)$$

という形になる．これもまた，式 (9.1) に示した，空間の周期性（波長 λ）と時間の周期性（周期 T）が成立する．以上より，これらの表式は，次の微分方程式

$$\frac{\partial^2 W}{\partial t^2}=v^2\frac{\partial^2 W}{\partial x^2} \qquad (9.8)$$

を満たしている．実際，式 (9.5) を代入すると満たしていることが確かめられる．これを波動方程式という．波動はすべてこの1つの方程式で表される．ただし，この方程式を解く際に積分定数の定め方が多様であるため，複雑になってくる．微分方程式は抽象，積分解は具体例なのである．

9.3 弦の振動

ピンと張った弦を弦の方向垂直な面にわずかに弾いてみよう．弦の張力が復元力となっている．弦の一点一点は縦に単振動をしているはずであるが，それらがお互いに結合していると，横方向に伝わっていく波動が現れてくる．

まず，図9.3のように質量 m の質点が間隔 d でつながった弦を考える．

n 番目の質点の位置 u は時間 t と位置 x の2つの変数を持っている．この $u(t,x)$ に関して運動方程式を作ってみる．図9.3右図を見てほしい．

$$\begin{aligned} m\frac{\partial^2 u_n}{\partial t^2}&=(n-1)\text{番目の質点からの力}-(n+1)\text{番目の質点からの力}\\ &=-T\sin\delta+T\sin\delta'\\ &=-T\tan\delta+T\tan\delta'\\ &=-T\frac{u_n-u_{n-1}}{d}+T\frac{u_{n+1}-u_n}{d} \end{aligned} \qquad (9.9)$$

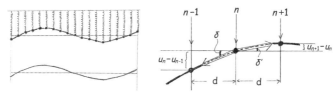

図9.3 弦を弾いた際に，発生する振動．右図は n 番目の質点が隣接部分から受ける張力を示す．角度 σ と σ' が異なるため，打ち消しあってゼロとはならない．

微小な角度 δ, δ' に関しては sin は tan に置き換えられることを使っている．ここで，両辺を d で割る．

$$\frac{m}{d}\frac{\partial^2 u_n}{\partial t^2} = T\frac{1}{d}\left[\frac{u_n - u_{n-1}}{d} + T\frac{u_{n+1} - u_n}{d}\right] \qquad (9.10)$$

ここで，m/d を一定値（σ と記す．これは線密度である）に保ちつつ，$d \to 0$，$m \to 0$ の極限を考える．右辺の [ ] の中は，変位 u を長さで割ったものであり，極限操作は，u の x に関する微分である．さらに，$1/d$ がかかり，極限操作をするので，ここは2階微分を示している．そこで，右辺を書き換えると，

$$\sigma\frac{\partial^2 u_n}{\partial t^2} = T\frac{\partial^2 u_n}{\partial x^2} \qquad (9.11)$$

を得る．これは，波動方程式と呼ばれている「一般的な式」である．そして次式を得る．

$$\frac{\partial^2 u_n}{\partial t^2} = v^2 \frac{\partial^2 u_n}{\partial x^2} \qquad (9.12)$$

ここで，$T/\sigma = v^2$ とおいている．この v は，式 (9.8) と対応付けると波の速さである．

9.3.1 解の形

この波動方程式の解は

$$u(t, x) = u(x - vt) \qquad (9.13)$$

の形であることは，代入してみるとわかる．これは基準点 $x=0$ での u の値は，$x=0$ から x_1 離れた点では

$$\tau = \frac{x_1}{v} \qquad (9.14)$$

の時間遅れの後，起こることを意味している．ここで，x_1 は一般の点 x に容易に拡張出来る．このことを前節では，三角関数を例にとって論じた．

9.3.2 端の状態

弦の端が固定されていて動かない場合，その点では $u=0$ である．そこで，両端を固定した長さ L の弦では，波が定常的に，上下に振動振動していて模様自体は動か

ない波が作られる．これを定常波という．三角関数
では sin(kx) で表記すると，左端 x=0 で常にゼロ
になっていて都合がよい．右端でゼロの条件から，

$$\sin(kL)=0 \qquad \boxed{9.15}$$

が要請され，これは

$$k=\frac{j\pi}{L} \qquad \boxed{9.16}$$

を意味している．ここで，j は自然数 1,2,3,... である．

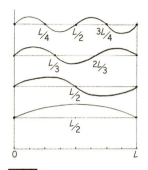

図 9.4 弦の端が固定されている場合を考えよう．

対応する波長は，

$$\lambda=\frac{2L}{j} \qquad \boxed{9.17}$$

である．$j=1$ は弦の長さ L が半波長，$j=2$ は波長そのもの，$j=3$ は L が 3/2 波長になっている．これらを弦に固有の振動モードと言う．

9.3.3 共　鳴

実際に弦を弾くと，実はいろいろな波長を持つ振動が沢山起こっている．しかしながら，固有の振動モードだけが選び出されて大きく振動する．これを共鳴という．共鳴とは特定のモードの選択である．

9.4 音

一般には「波」を構成しているそれぞれの点での変位の方向は，波の進む方向に垂直である必要もない．実際，変位が進む方向にあるものを縦波という．典型的な例は，物質中を伝わる音の波である．この場合，波の進む方向に構成物質の密な部分と疎の部分が繰り返し現れて，波を伝えていく．疎密波と呼ばれている．音の速さ（音速）は，固体，液体，気体の順に遅くなっていく．氷では 3230 m/s，水では 1500 m/s，空気では 340 m/s（室温）程度である．固いものほど，復元力が大きいので大きくなると考えてよい．ただし，気体では，熱運動の速さも寄与しているため，温度が高くなると大きくなる．

人が聴くことの出来る振動数は 20 から 20 kHz 程度であって，波長は 17 m から 1.7 cm 程度である．私達は通常 340 Hz（波長 1 m）程度の声で会話をしている．

ただし，我々は，耳の鼓膜の振動で音の到達を感じているので，耳の位置が動いていると，振動数は変化してしまう．音源に近づいていると振動数は増し，遠ざかっていると減ってしまう．これをドップラー効果という．また，耳の位置が止まっていても，音源が動いていると，単位時間（例えば 1 秒）に耳に到達する波の数が変わってしまうので，振動数が変わってしまう．この場合も，ドップラー効果という．

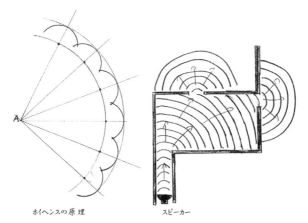

図 9.5 ホイヘンスの原理．波の全波面が次の波を生む．その結果，入りくねった経路であっても波が出る穴がある限り，音は伝わってゆく．

9.5 ホイヘンスの原理

一般に媒質を伝わる波については，共通の以下の性質で記述できる．ある瞬間に波面を構成しているすべての点が，新しい波の源になって，波を媒質中に送り出している．そのようにして発生した2次的な波はお互いに消し合ったり，強め合ったりして，次の波面を作っている．図 9.5 に概念を描く．

これをホイヘンスの原理という．これについては，次の 10 章で光の波に関して，もう一回論じる．

9.6 うなりの概念

振動数がわずかに異なる2つの音を同時に鳴らすと，ウワーン，ウワーンと音の大小が繰りかえされる．その繰り返しの振動数は，2つの音の振動数の差になっている．これも波特有の効果で理解することが出来る．ある時間範囲では，山と山，谷と谷が一致に近いため大きな音になる，ところが，さらに時間が経つと，山と谷が一致するため音が小さくなってしまうからである．式では三角関数の公式で説明できる．すなわち，角振動数 $\omega+\eta/2$ の波と $\omega-\eta/2$ の波の合成によって，

$$\sin\left\{\left(\omega+\frac{\eta}{2}\right)t+\alpha\right\}+\sin\left\{\left(\omega-\frac{\eta}{2}\right)t+\beta\right\}=2\cos\{\eta t+(\alpha-\beta)\}\sin\{\omega t+(\alpha+\beta)\}$$

|9.18|

となり，左辺の $2\cos$ の部分を振幅と見なせば，角振動数 ω での音の振幅が角振動数の差である η で，「振るえる」ことがわかる．

9.7 進んでいる2つの波のうなりと群速度の概念

前節のうなりが生じる状況は波においては特殊なものではない．実際の場面では，時間とともに，空間を進んでくる波動が，単純な，1つの角振動数 ω を持ち，波数 k が ω/v でを持つだけの三角関数で 記述される波はほとんどない．一般には，角振動数 ω，波数 k のまわりに分布した状態が一般的である．

そのような波の集団が進んでいる場合，その集団の速さは，もとの波の振動数 ω と波数 k で割った ω/k とは異なるものになる．そのような集団の速さを群速度 v_g という．ここでは，その問題を簡単なモデルで考え，イメージを作ろう．

そこで，式 (9.5) で表されるような x 方向に進んでいる波を2つ考える．前節のうなりで扱った角振動数 ω のズレ η を微小量として $\Delta\omega$ とおく．つまり，角振動数 $\omega+\Delta\omega/2$ の波と $\omega-\Delta\omega/2$ の波を考える．さらに，前者が波数として，$k+\Delta k$ 後者が $k-\Delta k$ を持つとする．ここで Δk も微小量である．

すると，それらを合成すると，

$$u(t,x) = \sin\left\{\left(\omega+\frac{\Delta\omega}{2}\right)t - \left(k+\frac{\Delta k}{2}\right)x + \alpha\right\}$$
$$+ \sin\left\{\left(\omega-\frac{\Delta\omega}{2}\right)t - \left(k-\frac{\Delta k}{2}\right)x + \beta\right\} \quad \boxed{9.19}$$
$$= 2\cos\{\Delta\omega \cdot t - \Delta k \cdot x + (\alpha-\beta)\}\sin\{\omega t - kx + (\alpha+\beta)\}$$

これを見ると，細かな角振動数 ω，波数 k の波とは別に，その振幅が，ゆっくりとした「集団有効角振動数」$\Delta\omega$ を持って，小さな「集団有効波数」Δk を持つかのように進んでいる．これは，角振動数 ω，波数 k の基本構成波の包絡線の動きでもあって，この動きに着目した「集団有効速度」v_g は

$$v_g = \frac{\Delta\omega}{\Delta k} \quad \boxed{9.20}$$

と表される[*2]．これが v_g を群速度（の大きさ）で」ある．概念図を図9.6に示す．なお，一般に角振動数 ω が波数 k に依存する際にはその微係数

$$\frac{d\omega(k)}{dk} = v_g \quad \boxed{9.21}$$

[*2] ここで式 (9.19) の cos の中で一定に置いた式

$$\Delta\omega t - \Delta k x + (\alpha-\beta) = 一定 \quad \boxed{9.22}$$

の両辺各項を t で微分すると，

$$\Delta\omega - \Delta k \frac{dx}{dt} + 0 = 0 \quad \boxed{9.23}$$

より，

$$\frac{dx}{dt} = \frac{\Delta\omega}{\Delta k} + 0$$

を得る．これが式 (9.20) である．

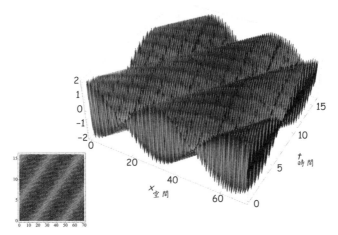

図 9.6 2つの波によるうなりの発生．その包絡線の動きから群速度を理解しよう．横軸が空間 x，奥行きが時間 t で，(xt) 平面の上に波を3次元プロットしている．使った数値は，$\omega=2\pi\times 10, \Delta\omega=(2\pi)\times(0.05), k=50, \Delta k=0.1, \alpha=\pi/8, \beta=\pi/9$ である．振動数 ν は $\omega/2\pi$ なので，$\nu=10, \Delta\nu=0.05$ である．したがって，うなりの周期は $2\pi/\Delta\omega=1/\Delta\nu=20$ となっている．包絡線の波の波長 $2\pi/\Delta k=20\pi=62.8$ である．群速度の式を使うと，$v_g=\Delta\omega/\Delta k=2\pi(0.05)/0.1=\pi=3.14$ を得る．実際，等高線図（左）と合わせて見ると包絡線の模様は時間単位 10 の間に空間を単位 30 程度動いている．

を群速度と定義する．

　これに対して，基本構成波の方の ω を k で割ったもの，つまり前節までの式 (9.6) で示した v を位相速度という．「時間的にうなりながら空間を進んでいく」という波特有の現象の中で，群速度というものの基本的イメージをつかんでほしい[*3]．

[*3] 群速度については 15 章でも扱う．

10 光の世界に住んでいる私たち

光は電磁波であり，その導出は14章で行うが，その前に，波の典型的な例として光の波を紹介しておく．光は真空を伝わってゆく横波である．この波の速さは，光速cと言われ，毎秒30万km，すなわち

$$c = 3.0 \times 10^8 \, \text{m/s} \qquad \boxed{10.1}$$

である．

波を伝えるものを媒体という．9章では，固体，液体，気体という物質が媒体であった．しかし，光を伝える媒体は，物質ではなく真空であってもよい[*1]．

人の目に見える光の場合，真空中での波長はλが0.8μから0.4μ程度である．（μはマイクロメーターといい10^{-6}mを意味する）光の波長の違いを，我々は「色」の違いとして認識している．0.8μ付近は赤，0.4μ付近はスミレ色である．0.8μから0.4μ程度の波長の光をすべて含んでいると，我々は「白」と認識する．ここで，光の振動数νと波長λの間には，式 (9.3) に対応して

$$\nu = \frac{c}{\lambda} \qquad \boxed{10.2}$$

の関係がある．黄色である波長$\lambda = 6 \times 10^{-7}$ mの光の振動数は5×10^{14} Hzである．

10.1 回 折

波は空間を伝わってゆく．媒質は真空であってもよい．点から発生した波は球面状に広がってゆく．これを球面波という．ここで，図10.1に示したように，新しい点においても常にその点を中心とする球面波を作っていると考えるといろいろな現象をうまく説明できる．これをホイヘンスの原理という．これは9.5節で紹介してある．特に光の場合，媒質が真空であるので，この原理の根拠は，必ずしもはっきりしないが，本書では14章で電磁波を導出する際に，明らかになる．

さて，通常は，この原理を取り入れても，現実には進行方向以外は打ち消すために，新しい波面は，元より微小量だけ大きな曲面となっている．結果として，曲面の自然な膨張となっている．この場合は，波の進行という直感に合致しており，特にホイヘンスの原理を持ち出すまでも無いとも言える．しかし，途中に障害物がある場合は，この原理の適用は有用である．障害物があると，そこで反射してしまうが，穴がある

[*1] 実は，最も速く光を伝えるものが真空である．これについては，14章で，電磁波の性質として扱う．

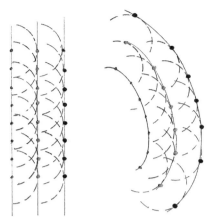

図 10.1 ホイヘンスの原理．新しい点がそれを中心とする球面波を作って，次の波を作っている．

とその穴を中心とした球面波が発生して，(それは進行方向の半円については打ち消されることなく) 拡大してゆく．これを回折という．図 9.4 は，音の波をイメージした回折の模式図であるが，光の波でも成り立つ，波動共通の性質である[*1]．

10.2 屈 折

このような回折の性質を持つ波が，波の速さの異なる媒質に到達すると何が起こるであろうか？ 図 10.2 のような直線状の境界を考える．上部の媒質 1 中での速さを C_1，下部，媒質 2 での速さを C_2 としよう．ここでは，波の速さを速く伝える媒質から遅く伝える媒質への入射とする．まず，この境界線に垂直に入射する場合は，平面波は全体として遅くなるだけで，方向は変わらない．

しかし斜めに入射する場合は，もはや方向を維持できない．図のように，鉛直線に対して入射角 i，屈折角 r を定義している．この場合，先に境界線に到達した右端は，下の媒質中では，上より遅く広がる球面波を作るのに対して，それより左側では，到達が遅れ，その時間で遅く広がる球面波を順次作っていく．左端の右端に対する時間の遅れを τ とする．そして左端が到達した時点でホイヘンスの原理を使うと，共通の進行波面は内側に曲がってしまう．これを屈折という．結果，波全体は太くなってしまう．ここで，上の媒質を進む左端の波の距離 AD と，下の媒質を進む右端の波の進む距離 CG については所要時間 τ が同じなので，

[*1] ただし，音が波長 1 m 程度であるのに対して光は波長 10^{-6} m 程度であることには注意してほしい．対象とする装置が 10^{-6} 程度違うのである．

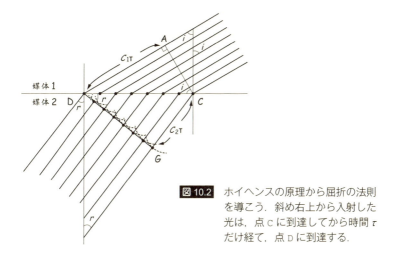

図 10.2 ホイヘンスの原理から屈折の法則を導こう．斜め右上から入射した光は，点Cに到達してから時間 τ だけ経て，点Dに到達する．

$$\frac{\text{AD}}{\text{CG}} = \frac{C_1 \tau}{C_2 \tau} = \frac{C_1}{C_2} \qquad \boxed{10.3}$$

の関係がある．さらに

$$\text{AD} = \text{DC} \sin i, \qquad \text{CG} = \text{DC} \sin r \qquad \boxed{10.4}$$

となっている．そこで，速度の比が

$$\frac{\sin i}{\sin r} = \frac{C_1}{C_2} = n_{1 \to 2} \qquad \boxed{10.5}$$

である．この $n_{1 \to 2}$ を媒質2の媒質1に対する屈折率という．

a. 異常屈折（蜃気楼実験） このように屈折率の異なる境目で光は曲がってしまう．それは，屈折率の大きな媒質の方へ曲がる性質がある．人間は経験上，光がやって来た方向にものがあると思っているので，このような屈折は，人間に像の異常さと感じさせる．そこで，この現象を異常屈折と呼んでいる．異常屈折の例は「蜃気楼」である．身近なもので作る実験例を図10.3にあげる．

実験方法を述べておく．準備するものは，水100gに食塩30gをゆっくり1時間ほどかけて作り，それを10時間以上置く[*2]．容器は6cm×6cmで，高さ5cm程度のものがよい．奥の面に同心円の図を貼っておく．まず，2cm程度の深さに水を入れる．その次に，化粧品詰め替え用注射器型スポイトで，飽和食塩水を注入してゆく．少しずつ注入して像の変化を観察しよう．真水と食塩水の境目に起こる異常屈折によって，原図とは異なる像が出来る．部分的に反転していたり，間延びしている様

[*2] 理論上はもっと溶け込むが，この程度の方が作りやすく濁りにくい

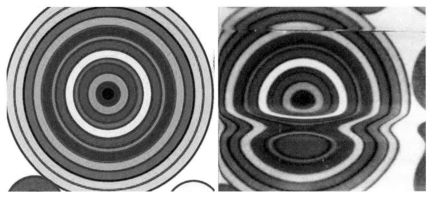

図 10.3 真水の下に飽和食塩水を注入し,同心円を見てみよう.円の一部が反転した像が出来ているのがわかる.

子が観察されるであろう.反転は境目の層において濃度の勾配(変化率)が極大になる点で起こる.ということは,1つの層に限らず,2つ以上の層でもありうる.実際,反転が2カ所以上の層で起こる場合もある.現実の世界では,太陽が海から上がる際とか沈む際に,このような蜃気楼像が見られることがある.各地で「ダルマ太陽」「ワイングラス型太陽」「オメガ型太陽」「四角い太陽」などと呼ばれている.

b. 分 散 この屈折率 $n_{1\to 2}$ は,上下にある2つの媒質の関係で決まるものであるが,上の媒質を真空とする場合を,単に(下の媒質の)屈折率 n と呼んでいる.この屈折率は光の色(波長)によって異なる.そのため,白色光を屈折すると,色が分解して見える.このような性質を分散という.波長の長い赤よりも波長の短い青のほうが屈折率が大きい.特に2回あるいは3回屈折を繰り返すとその分解が強調されて見える.虹はそのような現象である.

10.3 散　　乱

大きなペットボトル(2リットル入り)に水を入れ,そこへ牛乳を 2, 3 滴垂らす.そのペットボトルの下の方から,白い LED ライトで照らす.牛乳の広がりと共に,赤く見える.これは,牛乳には 1 μm(これは 1000 nm でもある)程度の微粒子(コロイド)が浮かんでいるため,光が散乱されて起こる現象である.この場合,波長の短い青,緑,黄色などの光は激しく散乱されてほぼ等方的に向かってしまうのに対して,波長の長い赤い光は散乱を受けにくいため,残って直進するため,我々は光源が赤くなったと認識するのである.

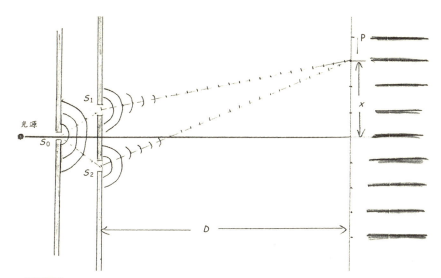

図 10.4 2重スリットに光をあて，スクリーンにあてると，沢山の縞模様が出来る．

10.4 干　渉

波が回折して伝わっていくことを利用して，波の山と谷の重なり合いの効果を取り出すことを「干渉」という．本節では，波動において，最も重要な干渉について述べておく．

10.4.1 ヤングの干渉実験

図 10.4 のような実験を考える．光源から出た光は一筋型スリット S_0 を通る．それが次の2本筋型のスリットを通る．回折現象によって，S_1 および S_2 からの波はそこを中心に山と谷を作りつつ広がってゆく．もともとは同じ光源なので，2つの波において，山と谷の出方は合っている．これを「位相がそろっている」という．それらがスクリーン状で再び行き会うのであるが，山と山（谷と谷）がうまく行き会う場合もあるが，山と谷が行き会う場合もある．それはスクリーン状に縞状に交互に現れるであろう．それを，明線，暗線の干渉縞模様という．

この場合，スリットは細長い形をしているので，スリットを通った波は，球面波というより，円柱波というべき形で広がっていくことになる．上の図は，その円柱の円の部分の断面を描いたものである．スクリーンに出来た像は円柱を反映して筋状になる．そこで，干渉縞と呼ばれている．

2つの光路の差を求めてみよう．光路差は円柱波の断面で行えば充分である．上の経路の長さは

$$S_1P = \sqrt{D^2 + \left(x-\frac{d}{2}\right)^2} = D\left\{1 + \frac{\left(x-\frac{d}{2}\right)^2}{D^2}\right\}^{1/2} = D\left\{1 + \frac{1}{2}\frac{\left(x-\frac{d}{2}\right)^2}{D^2} + \cdots\right\} \quad \boxed{10.6}$$

であり，下の経路の長さは

$$S_2P = \sqrt{D^2 + \left(x+\frac{d}{2}\right)^2} = D\left\{1 + \frac{\left(x+\frac{d}{2}\right)^2}{D^2}\right\}^{1/2} = D\left\{1 + \frac{1}{2}\frac{\left(x+\frac{d}{2}\right)^2}{D^2} + \cdots\right\} \quad \boxed{10.7}$$

なので，これらの差は x/D について線形の範囲において

$$S_2P - S_1P = D\left[\frac{1}{2D^2}\left\{\left(x^2 + xd + \frac{d^2}{4}\right) - \left(x^2 - xd + \frac{d^2}{4}\right)\right\}\right] = \frac{2xd}{2D} = \frac{xd}{D} \quad \boxed{10.8}$$

となる．ここに波長 λ の整数倍が入ると，山と山，谷と谷が強め合って強度が強くなる．

$$\frac{xd}{D} = 0, \pm\lambda, \pm 2\lambda, \cdots \quad \text{つまり，} \quad x = 0, \pm\frac{D}{d}\lambda, \pm\frac{2D}{d}\lambda, \cdots \quad \boxed{10.9}$$

が明線である．他方，光路差に波長の半整数倍が入ると，山と谷が打ち消し合って弱くなってしまう．

$$\frac{xd}{D} = \pm\frac{\lambda}{2}, \pm\frac{3}{2}\lambda, \cdots \quad \text{つまり，} \quad x = \pm\frac{D}{2d}\lambda, \pm\frac{3D}{2d}\lambda, \cdots \quad \boxed{10.10}$$

が暗線である．

ここで，中央 ($x=0$) が明線は当然であるが，その次の明線との距離 x_0 は

$$\frac{x_0}{D} = \frac{\lambda}{d} \quad \text{すなわち} \quad \frac{D}{x_0} = \frac{d}{\lambda} \quad \boxed{10.11}$$

という関係にある．これは，スリット間隔 (10^{-3} m)/波長 (10^{-6} m)，という3桁程度違いの比が，スクリーンまでの距離 (1 m = 10^0 m)/干渉縞模様 (10^{-3} m) という比に拡大されることを意味している．光路差の波長程度の違いが，干渉縞の明暗模様を作っているわけである．これは，光線というものが，波の形を変えることなく，整然と進んでいることを意味している．

10.4.2 回折と干渉

ここにおいて，回折現象と干渉現象は，同じ現象を別の側面から見ているだけで，区別出来ないことがわかる．人間が，現象のどの側面に着目して，どう使うかの区別しかない．いくつかの例をあげて，回折か，干渉かを選ばせる演習問題はよくない．

⦅数学的説明⦆　べき関数の展開

　関数が $1+\eta$ という形で1と微小量 η の和のべき関数 $(1+\eta)^n$ になっている時，この関数自体を $1+n\eta$ の形に展開して η の一次の形の近似出来る．今，$n=1/2$，すなわち2乗根 $\sqrt{}$ の形の場合は，$\sqrt{1+\eta} = 1 + (1/2)\eta$ となる．

10.6 偏 光

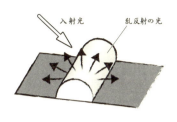

図 10.5 鏡に置いた紙の白い字体がどこからでも見えるのは，この紙の表面での乱反射のためである．この鏡へ光をあて，その反射像を見ると，今度は「白」という字体が黒っぽく見える．当然であるが，面白い実験である．

10.5 物を見るとは何か——乱反射の重要性

ここで，目で物を見るという問題にも触れておこう．光源その物を見る場合以外は，光源からの光が反射した光を捕らえていることになる．この場合，物の表面が鏡のようにきれいに反射していると，物ではなく，「光源そのものが反射して見える」ことになる．そこにある物として，認識するには，その物の表面で乱反射する必要がある．図 10.5 に身近な道具を使った実験例をあげる．これは平野弘氏之によるものである．物を見る際に，表面での乱反射の重要性はもっと強調されるべきだと思う．

10.6 偏　光

光は電磁波である．14 章で説明するが，真空中において電界と磁界がお互いに励起し合って進んでいる．その電界・磁界の方向は光の進行方向に対して垂直である．つまり，光は横波である．そのため，2 つの自由度を持っている．電界の励起される方向を光の偏光方向という．

この偏光を選択する働きがあるものを偏光板という．偏光板を使って，いろいろな実験が出来るが，ここでは，3 枚の偏光板の不思議な実験を紹介しよう．図 10.6 を見てほしい．光の進む方向を z とする．まず光を x 方向の偏光板に通す．すると，y 方向の偏光成分は含まれないため，y 方向の偏光板を通すと光は通らない，つまり，真っ暗になる．ところが，x 方向の偏光板と y 方向の偏光板の間に第 3 の偏光板 x 軸（y 軸）と 45°の方向に挿入すると，光が通るようになる．もちろん暗いが，真っ黒ではない．2 枚板より 3 枚板の方が光を通すことになる．これは偏光という性質が，3 次元空間で面を決めるものではなく，x 軸偏光とは，それに 45°右に回った面での偏光成分と，45°左へ回った面での成分の線形結合でもあるためである．

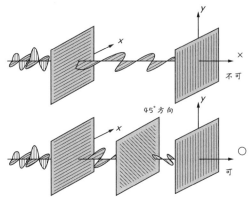

図 10.6 偏光板 2 枚の実験と 3 枚の実験

$$\langle x\text{偏光の光}\rangle = \frac{1}{\sqrt{2}}\langle +45°\text{偏光の光}\rangle + \frac{1}{\sqrt{2}}\langle -45°\text{偏光の光}\rangle \quad \boxed{10.12}$$

そのため，中間に入った，45°偏光板は右辺第 1 項の x 軸方向の光だけ通す．するとそれはまた，

$$\langle +45°\text{偏光の光}\rangle = \frac{1}{\sqrt{2}}\langle x\text{偏光の光}\rangle + \frac{1}{\sqrt{2}}\langle y\text{偏光の光}\rangle \quad \boxed{10.13}$$

でもあるため，右辺第 2 項の部分が y 軸偏光板を通ってくることになる．偏光の持つこのような性質をヘリシティと呼ぶ[*3]．

10.6.1 偏光方向を回転させる実験

なお，ポリプロピレンのような透明プラスチックは，偏光面を少しずつ回転させる性質を持っている．その回転の度合いは，色（光の波長）によって異なるため，2 枚の偏光面の間にポリプロピレンをはさむと，2 枚の偏光面の回転の度合いに応じて色がつく（分離する）ことになる．これも分散といわれている．波長の長い赤よりも波長の短い青のほうが回転しやすい．偏光板 2 枚と透明な定規（透明下敷き，あるいは CD ケースでもよい）だけで簡単に出来るので各自試してほしい．充分な厚みを持って少しずつ，偏光面を回転させれば，強度は（原理的には）減らない．これもヘリシティの特徴である．

数学的説明　特殊ユニタリ群

今まで扱った 1 次元，2 次元，3 次元空間は各座標の値が x,y,z が連続的であった．しかしながら，取り得る値が 2 つのみでありながら，ベクトルのように任意の方向を向ける性質を持った「空間」もある．それがヘリシティである．偏光はその

[*3] 詳しい議論の参考として，夏目雄平「物理の数理」1.8 節「群論」pp.58-66『現代数理科学事典第 2 版』(広中平祐・甘利俊一編．丸善出版，2009) をあげる．

ような性質を持っている．そのため，3次元空間内のベクトルのように見えながら，本節で述べた不思議な振る舞いをする．

10.7 光 と 熱

ここで，光と熱の関係を述べておこう．光も結局は熱というものになってしまう．ある特定のエネルギーを持っていたが，その波長，偏光などのはっきりした情報（個々の性質）を失い，集団としての温度という情報しか持ち得なくなったものを熱と呼んでいる．そのように光が熱になってゆく過程で，8章で述べたエントロピーは増大してゆく．我々は特定のエネルギー，波長，偏光などをもったエントロピーの光を使い，それがエントロピーを増してゆく過程を巧みに利用しているのである．

11 静電気——電荷が止まっている場合の性質

人類は 2500 年以上も前から摩擦によってものが引き合うようになることを知っていた．琥珀を使った静電気の研究は紀元前 600 年，古代ギリシャのターレスに始まると言われているが，実際は貿易商人たちが，琥珀を擦ると羽毛を引きつけることから，これは「宝石」として神秘的な力があるとして宣伝していた．実際，古代ギリシャ語で琥珀を表すエーレクトロンが古代ローマで electrum と呼ばれ，英語の「電気」 electricity という言葉になった．しかし，巨視的な物体を擦って，どうして電気的な力が発生するかは，今でも難問である．1 章で述べた原子構造でいうと，正電荷と負電荷が中性の位置からずれるため，と言える．

この章では，原子のモデルに基づいて，電荷と電荷の間に働く力について，電荷が止まっている場合を考える．これを静電気という．

11.1 クーロン力

電荷と電荷の間には電気的な力が働く．それは距離の二乗に反比例している．電荷の符号が異なると引力，同じだと斥力である．

$$f(r) = \frac{1}{4\pi\epsilon_0} \frac{Q_1 \cdot Q_2}{r^2} \qquad \boxed{11.1}$$

ここで，ϵ_0 は真空誘電率と呼ばれ，8.85×10^{-12} C^2/(N·m^2) である．ここで，C は電荷の単位クーロンである．単位系でいうと，電流の基本単位（アンペア A，Amp）に時間をかけた Amp·s である．なお，電子は $-e = 1.62 \times 10^{-19}$ C という電荷を持っている．これを電気素量という．また，陽子は $+e = 1.62 \times 10^{-19}$ C という生の電気素量を持っている．物理学では，過去長い間，この電気素量を基本量とする単位系を使ってきた．電気現象だけの場合は，直観に近いと言えるが，磁気現象についての扱いとの関連が複雑になるため，現在では，使われなくなった．電流については 12 章で扱い，磁気現象に関しては 13 章で扱う．

11.2 静電気実験

11.2.1 剥離帯電と摩擦電気

芯に巻いてあるサランラップを使うときははくっつけやすいが，剥がしてから時間が経つとつきづらい．静電気の発生のためである．それは剥離帯電といって，引き剥がれる時に，正電荷の部分と負電荷の部分に分かれるためである．模式的に図 11.1 に示しておく．摩擦による帯電も，擦るという行為によって，ミクロな剥離が出来て

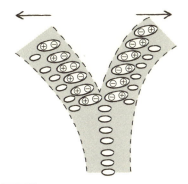

図 11.1 剥離帯電で静電気が生まれる模式図

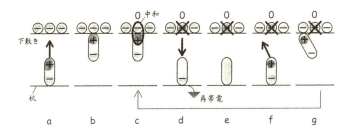

図 11.2 下敷きを摩擦して発生した静電気によって，食塩を下敷きと机の面の間を往復運動させる実験*1).

いると考えると自然である．摩擦による帯電に関しては，いまだ，不明な点も多い．

11.2.2 静電気の充電と放電の実験

ここで，簡単な道具を使って，静電気の実験をしてみよう．図 11.2 に示したように，食塩と下敷き（プラスチック製）をティッシュペーパーで擦ってマイナスに帯電させて後，机の上の食塩に近づける．食塩の上部が容易にプラスの電荷を帯びて，下敷きに引き寄せられるが，下敷きにぶつかるとプラスの電荷とマイナスの電荷が結合（中和）する．そのため，食塩は下部のマイナスに電荷を持って，下に落ちて行く．机の上で放電する．するとまた，下敷きのマイナス電荷を感じて，上部がプラスに再帯電する．そして下敷き向かって登ってくる．この往復運動を繰り返すのが観察される．これは，下敷きを摩擦するという運動エネルギーによって，生まれた電気エネルギーが，食塩の運動エネルギーに変わっている現象とみることも出来る．下敷きと食塩で

---

*1) この図は夏目雄平「静電気で塩胡椒を分離してみよう」（『子供の科学』（誠文堂新光社）2004 年 10 月号）に基づいて加筆した．

手軽に出来るので，乾燥した日に自分でやってみてほしい．

11.3 電　位

私たちは，坂道を登るとき，自分を地球全体の質量が引っ張っているから大変だ，とは感じない．「あそこまで登らなくてはならないから」「ここに坂があるから」と言う．つまり，自分の近くの標高の上昇に伴う勾配に原因を求める．静電気の場合，標高のことを電位という．単位はボルト（V）である．ここでは空間の点 r の関数として $\varphi(r)$ と記す．電位の勾配のことを電界 $E(r)$ という．次元は電位を長さで割ったものなので，単位は V/m である．また，ある空間座標 r を変数とする関数の勾配を求める操作を grad という．また，ナブラとも言い，∇ とも書く．つまり，坂の勾配の下に向かう力を

$$\boldsymbol{f}(\boldsymbol{r}) = e\{-\mathrm{grad}[\varphi(\boldsymbol{r})]\} = e\{-\nabla\varphi(\boldsymbol{r})\} \quad \boxed{11.2}$$

のように記述する．このあたりは，3章の力学におけるポテンシャルの考え方と同じである．

いくつかの電荷が止まっている状態では，お互いに力を受けている．ある電荷は，他の電荷からの力を受けている．これをその場での電位 $\varphi(r)$ の勾配のためと考えることも出来る．その意味で，場 r における電界 $E(r)$ として電場 $E(r)$ という場合もある．

11.4 電　場

以上により，力 $F(r)$ はその場での電位 $\varphi(r)$ の勾配である電場 $E(r)$ に電荷をかけたものである．

$$\boldsymbol{F}(\boldsymbol{r}) = q\boldsymbol{E}(\boldsymbol{r}) \quad \boxed{11.3}$$

すなわち，電場 $E(r)$ とは，単位の電荷 $q=1$ に働く力とも言える．3章のポテンシャルの考え方を振り返ると，電位がポテンシャルであって，電場がポテンシャル勾配，電荷が質量に対応している．

単位の整理をしておこう．式 (11.3) で，電荷 (C) に電場 (V/m) をかけたものが力なので，ここへ距離 (m) をかけたもの，すなわち力と距離の積としてエネルギー (J) になっているはずである．これは，C と V の積がエネルギー単位としての J になっていることを意味している．

11.4.1　金　属

ここで，電位 $\varphi(r)$ に差があると電荷が力を受けることになる．そこで電荷が自由に動ける系では，どんどん動いて電位 φ を同じにしてしまう．そのような性質のある物体を金属という．

11.5 コンデンサー

そこで，2枚の金属の面を平行に並べると，一方の面に正電荷が，もう一方の面に負電荷が保持されて，各金属面がそれぞれ均一の電位を持って，そのまま保たれるという状況が可能になる．模式的な図を図11.3に示しておく．

この場合，各面ではある電位 $\varphi(\boldsymbol{r})$ が決まるが，面間の電位 $\varphi(\boldsymbol{r})$ の差 V だけが系全体を決める．この電位差を電圧 V と呼ぶ．ここで，電荷量 Q，電圧 V の間には比例関係があり，その比例定数 C を，コンデンサーの電気容量（キャパシティ）という．

$$Q = CV \tag{11.4}$$

電気容量の次元は，電荷（C）を電圧（V）で割ったものである．この単位をファラッド（Fと書く）という．

11.5.1 コンデンサーに蓄えられたエネルギー

ここで，実際にコンデンサーに蓄えられているエネルギーを求めてみよう．図11.4を見てほしい．実は，以下の考え方は3.1.1節 a の議論と同じである．図3.4を振り返ってほしい．また，6.3節での，ヤング率 E の弾性体が歪み ϵ になった際に蓄えられたエネルギーの計算と共通である．式 (6.6)，(6.7) も見てほしい．

電気容量 C のコンデンサーに，すでに q の電荷が溜まっているとする．ここへさらに微小電荷 Δq を運ぶには電位差

$$V(q) = \frac{q}{C} \tag{11.5}$$

があるので，

$$V(q)\Delta q = \frac{1}{C} q \Delta q \tag{11.6}$$

の微小仕事をすることになる．そのような，微小仕事を初めの $q=0$ から，$q=Q$ まですることにする．これは定積分で以下のように求められる．

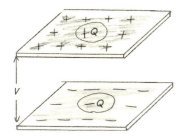

図11.3 平行板コンデンサー．2つの極板には，正と負の等しい量の電荷が保持されている．平行板間では，電界は一様である．

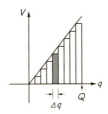

図11.4 コンデンサーにエネルギーが蓄えられていくようす．

$$W = \int_0^Q \frac{1}{C} q\, dq = \frac{Q^2}{2C} \qquad [11.7]$$

これはまた，$Q=CV$ より

$$W = \frac{CV^2}{2} = \frac{QV}{2} \qquad [11.8]$$

になる[*2)]. 図 11.4 の定積分量が三角形であることからも明らかなように，1/2 は蓄えられた全エネルギーのためである．実は，この図 11.4 は図 3.4 と同じなのである．

このエネルギーはどこに蓄えられているのだろうか．電荷が正と負に分けられたので，それらの対が持っているとも言えるが，コンデンサーの極板間の「空間に蓄えられている」とい見方も出来る．これは，真空がエネルギーを蓄えるという概念につながるものであり，14 章の電磁波で重要になる観点であることを注意しておこう．

11.5.2 コンデンサーの接続——並列と直列

コンデンサーを 2 つ並列または直列につないだ場合，合成系での電気容量はどうなるかを考えてみよう．図 11.5 を見てほしい．

並列につなぐことはコンデンサーの両極板を，平行に保ったまま広げて電気容量を増したことと同じなので，単なる足し算である．そのため合成された系の電気容量は

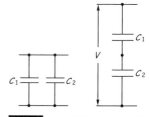

図 11.5 コンデンサーを 2 つ並列または直列につなげた場合．

$$C = C_1 + C_2 \qquad [11.9]$$

である[*3)]．他方，直列の場合は，それぞれの極板にある電荷の絶対値が等しい．それらによって，電池の電圧と同じ電位になっているので，

$$Q = C_1 V_1, \quad Q = C_2 V_2 \quad \text{なので}, \quad V = V_1 + V_2 = \frac{Q}{C} \qquad [11.10]$$

へ代入すると，Q を左辺と右辺で通分して，

$$\frac{1}{C} = \frac{1}{C_1} + \frac{1}{C_2} \qquad [11.11]$$

を得る．

11.5.3 誘電分極

ここで，コンデンサーに関連して，2 枚の金属間に，絶縁体を入れると，その絶縁体自体の中で正電荷と負電荷の位置がずれる．これを誘電分極という．模式図を図

[*2)] ここでも，クーロンとボルトの積がエネルギーになっている．
[*3)] 電圧 V が両方のコンデンサーに共通にかかるので，$CV = Q_1 + Q_2 = C_1 V + C_2 V$ となり，ここから，$C = C_1 + C_2$ を得るというのは，ずいぶん回り道の説明である．

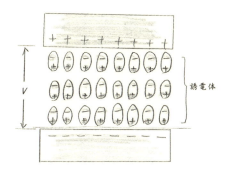

図 11.6 誘電分極 各原子（分子）での電荷のズレは小さいが，全体として分極効果は大きい．

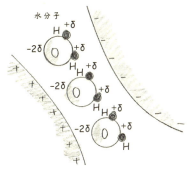

図 11.7 水分子の分極のようす．水素原子は正の電荷，酸素原子は負の電荷を持つ．

11.6 に示す．コンデンサーの平行な極板間では電界 E は一定と扱ってよい．

これによって，絶縁体が無い場合に比べて，電気的な力が強まる．絶縁体が無い場合（真空の場合）を電場と呼んだので，絶縁体による寄与を別に分極 P と呼ぶ．全体の電気的効果は両者の和であって，これを電束密度 D と言う．D はもとの E に比例するものであり，その比例係数を誘電率と言って ϵ と書く[*3)]．

$$D = E + P = \epsilon E \qquad \boxed{11.12}$$

a. **誘電率** 現在の単位系では，真空も ϵ_0 という誘電率を持つと定義している．そこで，実際の物質では，真空の誘電率に比べて何倍かという「比誘電率」という量で論じられることが多い．気体では，1 に比べて 10^{-3} から 10^{-4} 程度のズレしかない．つまり，多くの場合，真空と同じとして扱える．液体では，液体窒素が 1.45，エタノール 24.3 であるが，水は例外的に大きく 80 程度もある（温度で異なる）．固体では，コンデンサーの材料に使われる雲母が 7 であり，この程度のものが多い．

b. **水** ここで，水がなぜ誘電率が大きいかを述べておこう．水素原子は原子核が陽子であり，そのまわりの電子は 1 つである．しかも，2 つの水素が酸素を中心として 108°の角度をなしている．そのため，水素の電子が容易に酸素原子の方に移動して，水素側が正 $(+\delta)$ になり，反対側の酸素が -2δ になる．これが，水分子の分極のしやすさである．

塩化ビニールのパイプをティッシュペーパーで擦って，細い水の落下の流れに近づけると，水がパイプの方向に曲がってくる．これも，水の誘電率の高さのためである．

[*3)] この電束密度 D という概念の詳しい説明は，媒質中の電磁気学と関連して重要であるが，本書では省略する．

11.6 静電遮蔽

電場のあるところに金属を置くと，金属中の自由電子が電位が正の方へ移動し，電位が負の方に正の電荷分布を作る．その結果，金属内の電場は消えてしまう．もし，電場が残っていたら，それを打ち消すように，さらに自由電子は移動するわけである．最終的には，必ず，金属内はすべて電位が等しく，電場がゼロになっている．これは，金属で囲まれた領域には電場が生じないことを意味する．これを静電遮蔽という．擦った棒で，紙をくっつけるという静電現象も，紙を金網に囲まれた内側に入れると，動かない．また，電気信号を伝えるケーブルでは，中心の導体を網状の筒で包む構造をしている．これも，静電遮蔽によって，雑音が信号に入り込むのを防いでいる．車に乗っていて，落雷を受けても，金属の車体を通じて，内部は静電遮蔽されているので，安全と言える．もっと確実には，車体から接地（アース）をとる導体板を引きずるとよい．

11.6.1 なぜアースをとるのか？

このアースは，落雷対策だけではない．溜まってしまった電荷が，どこか（人体など）を伝わって地面に流れる際に火花が散ることを防ぐ働きがある．

電気洗濯機，複写機，電子レンジなど電気製品は，どこかに溜まってしまった電荷が，人体などを伝わって地面に流れることがあり，危険である．そこで，アースを取っておくのである．図 11.8 のように，しっかりしたアースをとれば，その製品の金属部分も電位がゼロとなっている．

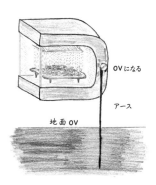

図 11.8 導体からアースをとると，その導体自体の電位が地面と同じ 0V になる．

12 定常電流——電荷の流れを制御しよう

　11章で静電気について述べた．その止まっていた電荷が移動する現象も，日常生活でよく起こっている．乾燥した日に暗いところでナイロンの服を脱ぐとパチパチと音を立てて火花が散るのが見える．実は我々が「静電気がすごい」と言っている「パチパチ」は，帯電していた電荷が動いた瞬間を指している．しかし，人類がこの電荷の移動を定常的な流れである「電流」として制御する方法を追求するようになったのは，18世紀末である．ここでは，電流を操作する素材として重要な金属の性質にたちかえり，電池と電気分解のしくみを学び，「回路」の考え方を知ることになる．

12.1　結　　晶

　原子が整然と整列することによって結晶を作る．その結晶の性質にも，もとの原子の性質が色濃く反映している．金属原子といわれる原子の場合，結晶を作ると，原子の一番外側にいた電子が自由に結晶全体を動き回れるようになる．そのため，金属結晶内に電位差 $\Delta\varphi$ があると，それを解消するように素早く動いて，電位差 $\Delta\varphi$ を無くしてしまう．これが，金属内は同じ電位 φ になる原因である．

　そこで，金属内に一定の電荷の流れ（電流 I）を維持するには，電位差 $\Delta\varphi$ を強制的に与え続ける外的装置（電池）が必要になる．強制的に与える一定の電位差を電圧 V（電池電圧）という．電池につながれた金属内には常に電流が流れている．つまり，電池の正極からは正電荷が流し込まれ，負極へ正電荷が吸収されると考えるとつじつまがあう．実際には，負極から電子が流し込まれ，正極へ電子が吸収されている．

12.2　電　　池

　実際，金属につないだ際に，電位差 V を保っておくのは大変である．電池がその機能を持っている．電池の両端は常に一定の電位差（電圧 V）が保たれている．これは，ある種のポンプの働きを持っている．その意味で，電位差を作る能力のことを起電力と言うことが多いが，力学で扱った「力」の次元を持ってはいないので，本書では「強制的発生電圧」あるいは「起電圧」という言い方をする．

　このような電池によって，金属中を電流 I はほぼ自由に流れ続けているが，抵抗 R は働いている．この抵抗は，第2章で扱った摩擦に対応している．2章での最終速度（終端速度）が，電荷の流れが定常になった際の速度（終端速度）になっている．

　力学で論じたように，終端速度になる前の非定常の流れも興味深いが，この章では，定常的な一定電流 I のみ扱う．

このように，抵抗 R があるため，電圧 V の電池につないでも，電流 I が無限に大きくならず，一定となる．このような状況を定常電流 I という．この章では電流と言った場合，定常電流 I を示す．人間が制御しようとする時間と共に変化する電流 $I(t)$ については，12.9 節で論ずる．また，時間的に振動する電流を 14 章で扱う．

12.2.1 化学電池の仕組み

2 種類の金属を電極として電解質に入れ，それらの金属原子のイオン化エネルギーの差を使う．例として，硫酸に亜鉛 Zn と銅 Cu を入れた系を考えよう．亜鉛が負極，銅が正極になる．負極では，図 1.4 で示した亜鉛の原子の中の一番外側にいる電子が，亜鉛板に残され，亜鉛のイオン Zn^{+2} が電解質に溶け込む．イオン反応式は

$$Zn \rightarrow Zn^{+2} + 2e^- \hspace{2cm} (12.1)$$

である．この亜鉛板の電子が外部回路を通って，正極にやってくる．正極の銅はイオンになりにくいため，ここでは，その電子によって，電解質内に溶けていた水素イオン H^+ が水素になる．実際はその水素は，ただちに分子 H_2 になって，水素ガスとして発生する．イオン式は

$$2H^+ + 2e^- \rightarrow H_2 \hspace{2cm} (12.2)$$

である．つまり，亜鉛がイオンになりやすく，水素イオンが原子（分子）になりやすいというイオン化傾向の差を使っている．電池内部では陰イオンの SO_4^{-2} が陰極付近から正極付近に移動している[*1]．このような化学（イオン）反応を利用した電池を化学電池という．

12.2.2 電気分解

逆に，液体に 2 つの極板で電位差を与えると溶けているイオンが中性となって出てくる．例えば，水の場合，電池の負極をつないだ陰極は，極板から電子が供給されて，

$$4H^+ + 4e^- \rightarrow 2H_2 \hspace{2cm} (12.3)$$

となって水素ガスが発生する．他方，電池の正極をつないだ陽極は，極板へ電子が奪われるため次式で表されるように酸素ガスが出る[*2]．

[*1] 実際は，対応する電荷のズレが素速く起こっており，陰イオン自体の動きは極めて遅い．

[*2] ここで，電池の構造を調べたときの「正極」，「負極」と，外部に「与えられた装置（ブラックボックス）」としての電池を繋いで電気分解する際の「陽極」，「陰極」について注意しておこう．電池の正極に繋がれた端子が陽極であって，電池の負極に繋がれた端子が陰極であることはもちろんである．電気分解装置において陽極では金属のイオン化などの「酸化」が起こり，陰極では水素イオンが気体分子として発生するなどの「還元」が起こっている．注意すべき点は，受け入れる側としては，電流の入ってくる端子が陽極であって，電流は陽極から陰極に流れている．他方，電池内では，内部電流は負極から流れている．この電池が化学電池の場合，正極ではイオン化していた金属の析出などの還元，負極では酸化が起こっている．このあたり，酸化電極（cathode カソード）とか，還元電極（anode アノード）という用語を使う場合は，電池と電気分解系で逆になるので，注意が必要である．なお，英語の辞書では cathode カソードを陰極，anode アノードを陽極と言っており，これを採用しているテキストもあるので混乱しないようにしてほしい．

$$2H_2O \rightarrow 4H^+ + O_2 + 4e^- \qquad (12.4)$$

電気分解は，ファラデーによって提案されて概念が確立した．1価のイオンが1モルあるときの総電荷量，同じことであるが，電子が1モルある時の電荷量を1ファラデー（F）という．その値は，

$$電気素量 \times アボガドロ数 = 9.65 \times 10^4 \, C \qquad (12.5)$$

である．化学電池も電気分解も「電気化学」という基礎から応用に渡る重要な分野で興味深い研究が進められている課題である[*3]．

12.3 オームの法則

定常電流 I については，電圧 V と電流 I，抵抗 R の間には，オームの法則と呼ばれる以下に関係がある．

$$I = \frac{V}{R} \qquad (12.6)$$

抵抗は電圧を電流でわったものなので，単位は V/Amp である．これをオームと言い，Ω で表す．

この法則式（12.6）は，水流系における水位，水流，流れに対抗する抵抗にそれぞれ対応している．電池にあたるものが，ポンプである．言い換えれば，電池は，電荷を強制的に電位の高い方へ持ち上げる機能を持っていることを意味している．前節で述べたように化学電池ではそれは化学反応（イオン反応）である．それが仕事をしている．反応が続かなくなると，電池の働きが無くなる．これを電池が「あがってしまった」と言う．図 12.1 にイメージを示す．

オームの法則は極めて有用であるが，摩擦による抵抗で，電荷を持った粒子の流れが最終速度に達してから成立するものである．抵抗のないところで電荷（電荷と質量を持った粒子）がどのように進むか[*4]という基本問題に比べると現象論的なものである[*5]．この現象論を乗り越えて，電気的エネルギー移動の本質をとらえようという試みを 15 章で行う．

12.4 抵抗率

金属線を流れる電流は，ある断面積を通過する電荷を意味するので，金属線の断面積 A に比例する．この流れに対する抵抗 R は，妨害するものの数に比例するので，

[*3] 渡辺正，金村聖志，益田秀樹，渡辺正義『電気化学』（丸善出版, 2001）．
[*4] この問題の方がむしろ難問で，量子力学の考え方によって解決されるテーマである．
[*5] このあたりの事情により，母国ドイツの哲学者ヘーゲルはオームの法則を批判したのである．経験則の価値を認めたくなかったのであろう．実際，この法則の価値は母国ではなく，イギリスで高く評価された．そして，抵抗の単位に名を残した．

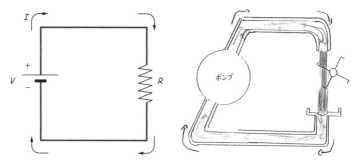

図 12.1 回路とは導線で機能を持った基本要素（素子，たとえば電池や抵抗）を結んだものを指す．水路の流れと対応させて示そう．

金属線の長さ ℓ に比例する．したがって，金属の種類によって定まる，単位長さあたり，単位断面積あたりの抵抗として，抵抗率 ρ を決めておくと，抵抗 R は

$$R = \rho \frac{\ell}{A} \qquad \boxed{12.7}$$

で与えられることになる．この ρ の単位は $\Omega\cdot\mathrm{m}$ である．この抵抗率の値は各金属（銅，アルミニウムなど）特有の量であるが，温度によって変化する．一般に温度と共に増大する．これは，振動が妨害になっているため，温度が高くなると振動が大きくなることに起因している．なお，ρ の逆数 $1/\rho$ を電気伝導率と言い，σ で表すことが多い．

12.5 ジュール熱

金属中の電荷の流れは，原子にぶつかってエネルギーを失っている．抵抗率が温度とともに増大することは，原子の熱振動が重要な原因であることを示唆している．それが「摩擦」である．最終的には「熱」と呼ばれる乱雑な運動になる．それによる温度の上昇をジュール熱の効果という．もとの電流 I は単位時間あたりの電荷の流れを表しているので，I に時間 t をかけたものが総電荷量で，これに電圧 V をかけたものがエネルギーである．つまり，クーロンとボルトの積がジュールである．電気的エネルギーの単位時間あたりの消費量を電力 P といいワット W で表す[*6)]．1ジュールのエネルギーを1秒使うと，電力 1 W となる．$P=VI$ であるが，オームの法則と合わせて

$$P = VI = I^2 R = \frac{V^2}{R} \qquad \boxed{12.8}$$

[*6)] 電力は力学的な力の次元ではなく，単位時間あたりのエネルギーである仕事率の次元を持っている．ここでは，慣習にしたがい，この電気のエネルギーに関する仕事率を電力と呼ぶ．

のようにいろいろな表現が出来る.

12.5.1 色々なエネルギーの表現

日常的には，電気エネルギーの単位として，ワット時 Wh が使われている．これは 1 W の電力を 1 時間使った際のエネルギーであって，3600 J が対応している．1 kW 時はこの 1000 倍であって，3.6×10^6 J である．7 章で示したように，1 J=0.24 cal なので，1 kW 時は，$3.6 \times 10^6 \times 0.24 = 0.864 \times 10^6$ cal $= 864 \times 10^3$ cal $= 864$ kcal である．人間は 1 日に 2300 kcal を食料から得ているが[*7]，それは，2300/864 kWh=2.67 kWh である．つまり，1 時間あたり 0.11 kWh にあたる．これは人間が 110 W のエネルギー消費物体であることを意味している．

我が国は 1 兆 kWh を 1 年に使っている[*8]．これは 1 人あたり，1 万 kWh であり，1 日あたり 27 kWh，1 時間あたり 1.1 kWh なので，常に 1.1 kW を使っている．つまり，生命維持のエネルギーの 10 倍程度の電気エネルギーを常時消費している．もちろん，エネルギーは電気エネルギーだけではないので，一般に日本や欧米諸国の国民は生命維持の 30 倍から 50 倍のエネルギーを消費しているという．なお，一部では 1 万年ぐらい前までの人類は，生命維持の 2,3 倍のエネルギー消費であったと言われている．

発電すべきエネルギー量　我が国が年間 1 兆 kWh の電気エネルギーを得るためには，1 日 27 億 kWh が必要であり，1 時間あたり 1 億 kWh，つまり常時 1 億 kW の発電が求められている[*9]．黒部第四発電所級の水力発電所が 50 万 kW であり，原子力発電所 1 機が 100 万 kW である．風力・太陽電池による施設が mW（メガワット）つまり千 kW の発電施設として各地に作られているというのが現状である．これらの再生可能エネルギーにかける期待は大きいのであるが，それらが 500 から 1000 か所の設備になって，水力発電所，原子力発電所 1 機に対抗できるということは知っておくべきだ[*10]．

12.6　電気ヒーターで暖めることとエントロピー発生の関係

さて，消費されたエネルギーは，最終的には熱エネルギーになる問題なので，熱力学の範疇にはいるテーマである．つまり，膨大な自由度を「摩擦」あるいは「抵抗」というものに押し込めている．これは，8 章の議論を踏まえると，エントロピーの増大という見方をすべきであることを示唆している．

[*7] 例えば，M 社のハンバーガーは 2015 年 3 月現在 1 つ 108 g が 275 kcal という．調理した食料品は，100 g あたり，100 kcal から 300 kcal のものが多い．
[*8] ここでは，おおよその値を知ってもらうため，誤差を 10% から 20% 含んだ議論である．
[*9] あくまで平均であって，季節，時間帯による差異がある．
[*10] 加えて，供給の安定性の問題もある．蓄電システムの開発も重要な課題である．

ここで，電気ヒーターで水を温めてお湯にすることを考えてみよう．図 12.2 を見てほしい．その暖め方にもいろいろある．はじめにヒーターを 100℃にしておいて，0℃の水に接触させると，激しい熱量の移動によって，エントロピーは激しく増加してしまう．しかし，ヒーターの温度上昇を細かく n 等分すると，温度差が $100/n$ となって，エントロピー発生を小さくすることが出来る．これは，n を無限大にする極限では，温度差 ΔT がゼロに近づくことを意味している．すると，エントロピー発生もゼロに近づくはずである．詳しく

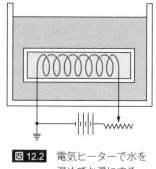

図 12.2 電気ヒーターで水を温めてお湯にする

言うと，熱溜から熱量の流入によって受け取ったエントロピーを増加させることなく，水を湯にすることが出来る*11)．しかし，それには，無限の操作のために無限の時間がかかってしまう．さらには，電気ヒーターの電圧調整に微妙な操作が必要であって，その操作のために，電気エネルギーが必要となるであろう．熱源から受けたエントロピーを増加させないということは，その局所においてだけ可能に見えるだけで，電気ヒーター制御系までひっくるめて考えると，全エントロピーは，増大せざるを得ないのである．

考えてみると，直流電圧源は，原理的にはエントロピーがゼロに極めて近い，質のよいエネルギーである．このエネルギーが，電気ヒーターに使われる場合，どこでエントロピーが増大するかは難しい問題である．温め方によるが，多くの場合，金属のヒーターを熱する段階で，すでにエントロピーはかなり増大していると考えらえる．その意味で，電気を金属ヒーターを熱するという方法で，ものを温めるのに使うのは，かなり「もったいない」方法とも言える．

これに対して，電気でモーターを回すというのは回転という自由度へのエネルギーの移行であって，エントロピーの増加は少ないであろう．しかしながら，最終的には，熱になるわけで，そのようなエントロピーの大きな増大までの過程で，エネルギーをどのように有効に利用してゆくか，が問題なのである*12)．

12.7 抵抗の接続——並列と直列

ここで，2つの抵抗が直列の場合，単に抵抗器が伸びるだけなので，単なる足し算になる．すなわち，

---

*11) 詳しい議論は，夏目雄平著『やさしい化学物理—化学と物理の境界をめぐる—』（朝倉書店）6章を参照されたい．

*12) 10 章での光と熱の議論に近いことに気づいてほしい．

$$R = R_1 + R_2 \qquad \boxed{12.9}$$

である．図12.3を見てほしい．

他方，並列の場合は，共通の電圧に対してそれぞれ独立に電流 I_1 と I_2 が流れるので，

$$I_1 R_1 = V, \qquad I_2 R_2 = V \qquad \boxed{12.10}$$

となり，これらを $V = IR = (I_1 + I_2)R$ へ代入して

$$\frac{1}{R} = \frac{1}{R_1} + \frac{1}{R_2} \qquad \boxed{12.11}$$

を得る．

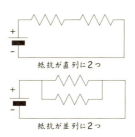

図12.3 2つの抵抗を直列または並列につなぐ．合成された抵抗を求めよう．

12.8 抵抗が電圧に比例しない系──電球

抵抗が温度によって変わるということは，かける電圧によって，温度が変わり，抵抗が変わるものが考えられる．例えば，白熱電球である．電圧を上げると温度が上がるため抵抗が増える．それと，電池と通常の抵抗からなる系は，すべての抵抗が一定の扱いでは解けない．例として，図12.4のように，電池に電球と抵抗が直列につながっている系を

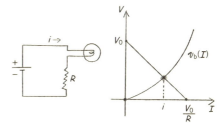

図12.4 電球と抵抗からなる回路．横軸が電流，縦軸が電圧のグラフを使って解こう．

考える．電池の電圧を V_0 とする．そして，電球の両端にかけた電圧 v_b とそれによって流れる電流 $v_b(I)$ の関係（V-I 特性曲線）が与えられているとする．この回路でオームの法則を考えると，

$$v_b + RI = V_0 \qquad \text{すなわち} \qquad I = \frac{V_0}{R} - \frac{v_b}{R} \qquad \boxed{12.12}$$

となっている．この式をグラフへ記入しよう．右下がりの線分である．この線分と特性曲線 $v_b(I)$ の交点が，可能な共通定常解を与えることになる．交点の I 座標が，この回路に流れている電流 i である．

12.9 非定常な系への適用 ──コンデンサーへ充電した電荷を抵抗に流すと

この節では非定常の系にも回路の考え方は使えることの簡単な例を紹介しておこう．コンデンサーへ充電された電荷が抵抗によって流れていく過程である．電位は指

数関数的に減衰してゆく．時定数が RC となっている．ここで次元を確認しおこう．R の次元は電圧 V/電流 Amp，電気容量は電荷 C/電圧 V だった．そこで，積 RC の次元は電荷 C/電流 Amp である．ところが，電流は単位時間あたりに流れる電荷なので，次元は，電荷 C/時間 s なので，結局，積 RC の次元は時間 s になっている．時定数と呼ばれるにふさわしい．

当初 $t=0$ において，コンデンサーに電荷が Q_0 蓄えられていたとする．$Q_0=CV$ である．その後の放電過程を考えよう．電圧で考える．コンデンサーの両端の電圧が抵抗の両端にかかるので，次式となる．

$$\frac{Q(t)}{C} = -R\frac{dQ(t)}{dt} \qquad [12.13]$$

電流の向きが反対に定義されるのでマイナスが付く．この微分方程式の解は，

$$Q(t) = Q_0 \exp\frac{-t}{RC} \qquad [12.14]$$

である．これは時定数 RC で指数関数的に減衰することを示している．RC という時間は，約 37% に減衰するのに要する時間である．

絶縁性の良い電気製品では，スイッチを切った状態での抵抗は大きい．コンデンサーの容量が 10 ミリファラッド（10×10^{-3} F）で，抵抗が $1\,\mathrm{G\Omega}$ の場合，$RC = 10^7$ s になる．これは約 4ヶ月にあたる．電子回路部分の修理・分解では，コンデンサーに充電されている電荷による高電圧によって感電しないように，コンデンサーの放電をしておかなくてはならない．

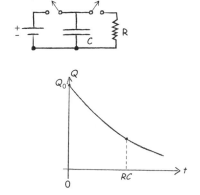

図 12.5 回路の S_1 を閉じて C に充電した後，S_1 を開いて S_2 を閉じる（ここが時刻 $t=0$）．ここから放電すると電荷 Q_0 はグラフのようになる．

13 電荷の動きは磁界を生む

磁石に砂鉄を振りかけて起こる不思議な現象に心を奪われた読者は多いであろう．磁石の端から，反対の端まで，砂鉄の粉を連続して並べることもできる．また，方位磁針によって，磁石の周辺の場所での磁力の働く方向も測ることが出来る．そのようにして，磁石にはN極とS極があって，磁力線が，N極からS極へ向かっていることを体感するわけである．そこで，その磁石を半分に折ったらどうなるかという疑問がわく．N極とS極に分離しそうである．しかし，実際やってみると，半分になった2つの磁石がやはりN極とS極の両方を持っている．では「さらに折ってみたら」ということを続けてみたらどうなるのだろう．1章で述べたように，結局は原子になってしまうが，原子1つになってN極とS極にはわかれない．ちゃんと両方の極を持った微小な磁石なのである．というわけで11章で述べた「電荷」のように，正と負にはっきりわけられるものとは本質的に違うものである．ところが，N極を持った「磁荷 m^+」とS極を持った「磁荷 m^-」というものを仮想的に考えると，磁力線などの磁気の性質が，正確に表現できる．実際，磁荷の間に働く力は電荷間に働くクーロン力と同じ形をしている．

他方，電池によって電流が流れている所へ，方位磁石を近づけると針を動かすのが確かめられる．つまり，磁場をつくることは，電流でも可能であることに気がつく．実際，鉄の棒に銅線を巻きつけたコイルもまた，電流を流している間は磁石と同じ働きをする．この場合，究極的には，銅線の1つの円環であって，そこを流れる円環電流が磁性を作っていることがわかる．当然，N極とS極へは分離しない．そこで，磁石の分解の究極である1つの原子の場合も，微小な円環電流と考えるという模型が成り立つことになる．実際，そのような微小な円環電流のみで磁性を論じているテキストもあるが，これはあくまで「イメージしやすい模型」であって，その真の姿は，量子力学によって，明らかにされるものである．本書では，巨視的世界での入門書として，電流があるとそれは必ず磁力をもたらすという事実と，「磁荷」というモデルで表される基本的性質の記述を並列して紹介することにする．

13.1 磁石の作る磁界

磁石は周囲に磁界 H を作る．ここでも，場 r における磁界という意味で磁場 $H(r)$ とも呼ぶ．その起因を電荷と同じように磁荷 Q_{m1} と Q_{m2} で定義すると，

$$f_m(r) = \frac{1}{4\pi\mu_0} \frac{Q_{m1} Q_{m2}}{r_0^2} \qquad \boxed{13.1}$$

と書ける．ここで，μ_0 は真空透磁率と呼ばれ 11 章の ε_0 と同じように真空を特徴づける量である．r_0 は Q_{m1} と Q_{m2} の間の距離である．磁荷の単位をウエーバー (Wb) という．Q_{m1} による Q_{m2} に働く磁力 F を磁場 H と磁荷 の積

$$F = Q_{m2}\,H \tag{13.2}$$

と定義すれば，磁場の大きさは

$$H = \frac{1}{4\pi\mu_0}\frac{Q_m}{r_0^2} \tag{13.3}$$

であって，方向は Q_{m1} と Q_{m2} を結ぶ線分の方向である．両者が同じ極の場合は斥力，異なる極の場合は引力として働く．磁場の次元は N/Wb である．

13.2 電荷の動きが磁場を作る

上で述べたように電荷の動きによって電流 I が生まれるが，その電流も周囲に磁場 H を作る．この磁場は電流に対して，渦を巻くように発生する．その磁場 $\boldsymbol{H}(\boldsymbol{r})$ の大きさ H は電流からの距離 r に反比例して

$$H = \frac{I}{2\pi r} \tag{13.4}$$

と書ける．これは磁場の単位が Amp/m であることを示している．「磁場の次元は N/Wb である」としたので，単位同士を等しいとおいて

$$\frac{\mathrm{Amp}}{\mathrm{m}} = \frac{\mathrm{N}}{\mathrm{Wb}} \tag{13.5}$$

を得る．これは Wb=N·m/Amp を意味する．これは J/Amp でもある．

次元をこのように扱えるのも，電流の作る磁場と磁荷の作る磁界が同じものだからである．

13.3.1 円環電流の中心での磁場

電流が流れている導線自体を円形にすると，円の中心では，磁場が強まり

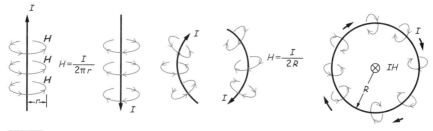

図 13.1 電流の作る磁場が直線電流から円環電流へ移行するようす．直線状の電流 I から距離 r 離れた点での磁場 H に対して，その電流を半径 R の円環状にすると，磁場 H の強さは円の中心で π 倍になる．この直感は根拠も示せるが，本書では省略する．

$$H = \frac{I}{2r} \qquad \boxed{13.6}$$

の磁場が得られる．図 13.1 の概念図を見てほしい．もちろん，磁場の次元 Amp/m で，変わらない．この磁場 $H(r)$ の方向は円の中心では円のある面に垂直である．

13.3 磁場と磁束密度

磁気現象では磁界を示す磁場 H と磁束密度 B の 2 つの物理量が使われている．両者は方向が同じであり，大きさにおいては，$B = \mu H$ という比例関係がある．ここで，μ は透磁率と言われていて，真空および多くの物質（気体・液体・固体）でほぼ同じ値と考えてよい．$\mu = \mu_0$ として扱われることが多い．ということは，特に H と B の 2 つの表現量を使う必要の無いように思える．ところが，例外があって，鉄のような物質では，真空の数百倍もある．磁界の影響が増幅されて現れるのである．そのため，原因の場である H と物質によって強調されて発現する B の区別は重要になる．磁束密度 B は磁束 Φ という方向性を持つ線がある面を貫く場合，その面密度として定義される*[1]．単位は磁荷の単位を面積で割った Wb/m^2 である．これはテスラ (T) と言われている．磁束が N 極磁荷から S 極磁荷に向かっている力線と考えると直観像と結びつく．

13.3.1 透磁率の次元

以上から，透磁率 μ の次元は B/H の次元なので，

$$\frac{\frac{\text{Wb}}{\text{m}^2}}{\frac{\text{Amp}}{\text{m}}} = \frac{\text{Wb}}{\text{Amp} \cdot \text{m}} \qquad \boxed{13.7}$$

と求まる．

この磁束 Φ は，空間に存在する際，弾性を持つ．しかも，方向を持っているので，起因の異なる 2 種の磁束 Φ が同じ方向を向くと強め合い，逆向きだと，打ち消し合う．そのため，いろいろな原因で，結果として方向がそろって密集すると，お互いに弾き合って，密度を下げようとする．その弾き合いが，そこにある物体（電流を流している金属あるいは，磁束を出している磁石）に力を加えることになる．磁束 Φ の弾性による力である．これについては説を改めて詳しく論じる．

13.4 ローレンツ力

ここからは，方向と大きさを持った電流ベクトル I を使おう．図 13.2 を見てほしい．

---

*[1] 第 1 章で述べたように示量的変数として磁束 Φ を導入することにより示強的変数である磁束密度 B を作っている．

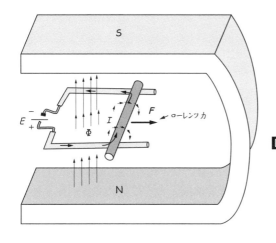

図 13.2 電池に繋がれた閉回路が外部磁場の中にある．丸い棒は自由に動けるようになっている．この棒に流れる電流は磁場から力を受けるため，棒は右へ動く．

このIはその回りに磁束Φを作る．それは，電流Iの向きに対して右ネジが進むように，ネジの回る方向である．そのため，この電流が，外部から磁界H（磁束Φ）を受けると，両者の磁束Φが合成される．同方向は密になり，反対方向の場合は打ち消し合って，疎になる．磁束Φという磁力線は力の働く方向を示しているので，弾性を持つ弦のように振る舞う．そのため，磁束の密になった方から疎になった方へ力を受ける．これをローレンツ力という．ここで，電流の方向Iと外部の磁束密度Bの方向に対して，第3の方向に力Fが働くことになるが，それぞれの方向に対して，フレミング左手の法則が働いている．中指人が電流Iの方向，人差し指が磁束密度Bの方向の場合，親指の方向に力Fが働く，という法則である．

13.5 モーターへの道

電流が受ける力を使って，回転するものを作ることは，電気の力の応用として極めて大きな意義を持つ．ファラデーは図13.3の左図のような模型を作って，水平方向の磁場に対して，垂直方向に電流を流す仕組みを考え，その電流端子が回転し続けることを実験で示した．回転の際に電流を流しつつ，摩擦が少ない状態であるために，常温で液体である金属として水銀を使った．これに対応する身近な実験として，図13.3の右図のような模型を作ってみよう．カプセルケース（ガチャダマの容器）にアルミ箔で端子を作り，上面中心に画鋲をさして，回転の軸とする．この画鋲の先を電池のプラス極に乗せる．他方，磁石にはアルミ箔を巻いて電気を流すようにして，電池のマイナス極にくっつける．そうすると，電池自身も磁石となって，水平方向の磁場を発する．そのため，アルミ箔端子の下の先端がアルミ箔で包まれた磁石に触れると垂直方向に電流が流れるために，ローレンツ力によって，回転を続ける．これは，ファラデーのモーターの原理に極めて近い構造である．

図 13.3 左図はファラデーのモーターの模式図．身近な材料で右のような同じ構造のモーターを作ることができる．

13.6 フレミング左手の法則を表す外積の式

電荷 q が磁束密度 B のある場では

$$F = q(v \times B) \quad (13.8)$$

という力 F を受ける．ここで v は電荷の速度（ベクトル）である．これが電荷密度 ρ で長さ ℓ，断面積 A の導線中に存在すると，総電荷量は，$q\rho\ell A$ となる．前章で示したように，単位時間に流れる電荷量を電流 I と言い，$q\rho v$ なので，長さ ℓ の導線に流れている電流 I に働くローレンツ力は

$$F = \ell(I \times B) \quad (13.9)$$

と書ける．

13.7 荷電粒子の真空中での運動

真空中を真っ直ぐに進む荷電粒子も電流であって，磁場からローレンツ力を受ける．図 13.4 を見てほしい．z 方向にかけられた一様な磁場を考える．ローレンツ力は運動成分の中で，磁場に垂直な成分，すなわち (x,y) 面内である．この面内で，運動の (x,y) 成分の速さに比例するローレンツ力を受ける．これは向心力となって，荷電粒子を (x,y) 面内で等速円運動させる．他方，これとは独立に，荷電粒子の運動で磁場方向成分（z 成分）は何の力も受けない．そのため z 方向には等速の並進（自由）運動をする．このようにして (x,y) 面内で円運動，z 方向への等速運動は，全体でらせんを描くことになる．

13.8 電磁誘導

電磁誘導もまた，電荷・電流の受ける力という描像で理解出来る．
図 13.2 と図 13.5 を比較して見てほしい．
電荷の詰まった導体を外部から動かすということは，電流を作ることである．この

図 13.4 磁場中に突入した荷電粒子はらせん運動を描く．ここでは荷電粒子としてマイナスの電荷を持った電子を考えている．電流の向きが逆になっている．左は模式図で右は写真．写真撮影は千葉工業大学物理学教室の協力を得た．

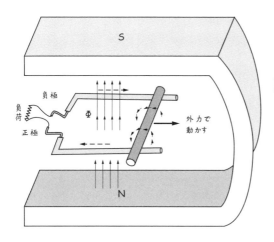

図 13.5 閉回路の部分は図 13.2 と同じであるが，外部には電池ではなく負荷抵抗をつける．そして外力で棒を動かす．棒の中の荷電粒子はローレンツ力を受けて動き出す．これにより，回路に強制的に電圧が生ずる．それによって負荷へ電流を流す．

導体が磁界の中にあると，やはりローレンツ力を受ける．電荷 q に対して大きさ qvB の力を受ける．それは導体の中の電荷の流れを意味しており，そのような電荷の流れを生ませる電界の発生という描像が成り立つ．この電界の大きさは vB である．この電界が導線の長さ L だけ続くので，導線の両端での電位差（つまり電圧）は LvB となる．このような強制的な電位差発生を一般に「起電力」というが，本書では「力」という言葉が誤解されやすいので，「強制的発生電圧」といい，V_{em} と書く．このような仕組み自体を「電磁誘導」という．電磁誘導で流れる新たな電流を誘導電流という．これらを磁束 Φ の変化を中心に見ると，外的操作による回路内の磁束 Φ を変動に対して，あたかもその変化を妨げるように強制電圧が発生しているようにも見える．そのような見方をレンツの法則という．また，この回路自体は，「強制的発生電圧」を持っているので，第 12 章の電池と対応させると，外部端子からはあたかも電圧 V_{em} の電池のように見える．

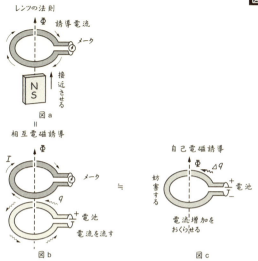

図 13.6 レンツの法則から相互電磁誘導を考え，自己誘導を考えよう．まず図 a を見てほしい．回路に磁石を接近させることで，磁束環境を変化させて上にあるコイルに強制的に電圧を起こさせている．レンツの法則である．ここで，磁石の接近の代わりに，図 b のようにコイルを置いて電池で電流を流してもよい．これを相互電磁誘導という．その考えを進めると，図 c のように，原因となるコイルと結果としてのコイルが同じでもこの誘導効果は働くと言うことに気がつく．これを自己電磁誘導という．

13.8.1　レンツの法則

実際，レンツの法則は，閉回路が外部から磁束の変化という環境変化を受けた際には，その変化を妨げるように反抗して強制的発生電圧 V_{em} が発生することを示している．図 13.6a は式では，

$$V_{em} = -\frac{\Delta \Phi}{\Delta t} \qquad \boxed{13.10}$$

と表現される．これは系の変化（応答）を時間的に遅らせる効果があり，「慣性」の一種である．慣性であるので，元の電流に反抗するが，全体の電流の向きを反転することはない．元の電流の増加時には，全体の電流の上昇を抑え，元の電流の減少時には全体の電流の下降を引き留めるのである．

13.8.2　相互誘導

このレンツの法則では，外部からの磁束 Φ 環境の変化は，回路の一部である導線を動かすことで得られたが，図 13.6b のように回路（コイル）は止めておいて，磁石の方を挿入してもいい[*2)]．あるいは，図 13.6a のように隣のコイルに外部電流を

---

*2) この相互誘導は，磁石を動かすことによって，回路（コイル）に電流を流すので，発電機の原理にもなっている．大切なことは，磁石とコイルは接触する必要がないので，非接触的に発電できることである．実際，交通機関の IC カード（JR 東日本 Suica 等）への充電は，改札口などで，電磁誘導による非接触発電（ワイヤレス充電）で行われている．改札ゲートのパネルにかざすことにより，IC カード内のコイルに電磁誘導で電流が流れて IC チップを起動してデータを書き込んでいる．（原理的にはパネルに数cmの距離にかざすだけでよいが，JR 東日本では確実性を高めるためタッチと言っている）この技術は，最近スマートフォンにも使われ始めている．また，電気自動車（バス）の中には，この方法で充電するものが実用化されている．

流してもよい．となりのコイルの電流 I_2 からの影響による電磁誘導を相互電磁誘導という．

$$V_{em} = -M \frac{dI_2}{dt} \qquad \boxed{13.11}$$

ここで，M を相互コンダクタンス係数という．誘導される電流 I_1 は I_2 によって出来る磁束の変化を妨げるように流れる．このようにレンツの法則は，原因を問わない現象である．ここで，コイルの巻き数を増すと円環部分が増えるので M も増す．電流 I_1, I_2 が流れているコイルの巻数をそれぞれ N_1, N_2 とすれば，M は $N_1 \times N_2$ 倍になることは明らかであろう．

13.8.3 自己誘導

それならば，図 13.6c 自分自身に外部から流し込まれた電荷の流れ対しても働くはずである．これを自己電磁誘導という．コイルに流れる電流 I の時間変化 dI/dt に比例する強制的発生電圧であって，

$$V_{em} = -L \frac{dI_2}{dt} \qquad \boxed{13.12}$$

と記せるはずである．ここで比例係数を自己インダクタンス係数 L という．誘導インダクタンス係数ともいう．電流が流れ込もうとするとそれに対抗してその回路自体に電位差を発生させる．そして，電流が減ろうとすると，それを保持させようという電位差が生まれる．ともかく，現状を維持しようとする働きをしている．

ここで，コイルの巻き数を増すと円環部分が増えるので L も増す．コイルの巻数をそれぞれ N_0 とすれば，L は N_0 倍ではなく，N_0^2 倍になる．このことは，相互コンダクタンスにおいて $N_1 = N_0$ かつ $N_2 = N_0$ の場合に対応するという直観像で推測してほしい[*3]．

[*3] 厳密な証明は電磁気学の専門書を参照してほしい．実際，著者によって個性があって興味深い．多くのテキストでは，自己コンダクタンスを相互コンダクタンスよりも先に説明する傾向があり，わかりにくい印象を与える．

14 電荷の回路中の電気振動が生む永遠の世界

13章の電磁誘導によって，12章で扱った定常電流を越えて，動的に変動する電流が発生する場合の議論に進むことができるようになった．多くのテキストでは，ここで，交流発電機の原理・交流の発生をふまえて，交流とコイル，交流とコンデンサ，そして交流回路の一般論へと進むことになる．しかし，本書では残された章は少ない．

そこで，この章においてはそれらの考え方を取り込みつつも，直接，電気振動回路を紹介し，さらに電磁波の発生とその応用にまで展開することにする．そして光が再登場する．触れられなかった課題も多く残るが，この領域における物理の本質は述べていると考えている．

14.1 電気振動回路

コンデンサー（電気容量 C）とコイル（誘導インダクタンス係数 L で表されるレンツの法則）からなる回路（図14.1）を考えよう．コンデンサーにある電荷，コイルに流れる電流が時間ともに変化を繰り返す電気振動回路である．

回路を時計まわりに回る電流を I と定義すると，レンツの法則によって，強制的発生電圧 V_{em} はそれに反抗して発生するので，

$$V_{\mathrm{em}} = -L\frac{dI}{dt} \qquad [14.1]$$

と記せる．磁束の変化を L と電流の変化の積で表しているが，実は式 (13.10) と同じ形の式である．

14.2 回路の電荷・電流を記述する方程式

さらに，図14.1に即して説明しよう．コンデンサーに充電された電荷 q が，コイルに向かって放電する系である．コンデンサーの電荷 q の減少がコイルへ向かう時計回りの電流 I になっているので，

$$I = -\frac{dq}{dt} \qquad [14.2]$$

と表される．一般に，外部から強制的に電荷を流し込む装置は電池と考えると理解しやすい．しかしながら，電気容量いっぱいに（満タンに）充電されたコンデンサーも電池と同じ機能を持っている．コンデンサーでは，溜め込まれた電気量 q と，コンデンサーの両端の電位差（電圧）V は比例関係にある．

$$q = CV \quad すなわち \quad V = \frac{q}{C} \qquad [14.3]$$

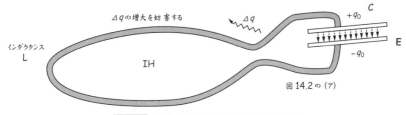

図 14.1 電気振動回路：自己誘導の働き

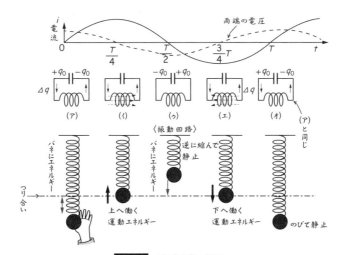

図 14.2 変動の繰り返し

である．その比例定数 C は電気容量であるが，電気振動回路では，キャパシタンス係数とも言われている．ある．C はコイルの形状によって決まる．さて，回路が閉じている限り，回路を一回りすると電位はもとに戻るので，一番下の線を電位零の基準にとると，式 (14.1)，(14.3) より，次の関係が成り立つ．

$$\frac{q}{C}+(-L)\frac{dI}{dt}=0 \quad \text{すなわち} \quad \frac{q}{C}=L\frac{dI}{dt} \qquad (14.4)$$

この後ろの式は，前の式で項を移項しただけであるが，回路の左側（コンデンサー）と右側（コイル）で電圧がつり合っているとも解釈できる．

14.3 変動は繰り返す

図 14.2 にそって時間的変動を議論する．図 14.2 と以下の箇条書きを見比べてほしい．ただし，図 14.2 は周期 T を 4 等分してあるが，文はさらに細かく 8 等分してある．

1) コンデンサーからの放電 {図の（ア）時刻 0 から時刻 $T/8$} がはじまると，コイルにとって，外部からの電荷 q が注入されている状況である．電流は，自己電磁誘導効果によって，反抗しつつも徐々に増加させて長引かせている．
2) やがて，コンデンサーの電荷が空になると {図の（イ）時刻 $2T/8$}，電荷の流れは最大になる．
3) しかし，その後は，電荷の流れは減っていく．今度は，自己誘導効果によって，電流を流し続ける．（時刻 $3T/8$）．そのために，電流の減り方が鈍ってしまい，コンデンサーは電荷ゼロを通り過ぎてしまう．それは，反対向きに充電されはじめることを意味する．「慣性」のためとも言える．
4) その反対向きの充電は，向きが反対ながら，はじめの満タン量まで回復する {図の（ウ）時刻 $4T/8$}．そして，電荷 q の流れがとまる．逆充電で満タンの状態である．
5) 今度は，コンデンサーから，反対方向の向き強制的な電荷の流れが起こる．（時刻 $5T/8$）
6) そこでは，自己誘導効果は，その増加を，くい止めようとする方向に働く．やがて，反対方向の放電がすむと {図の（エ）時刻 $6T/8$}，電荷の流れは反対向きで最大になっている．
7) その後は，電荷の流れの減少に対して，自己誘導効果が起こってその方向へ沿っての電流が続く．（時刻 $7T/8$）そのために，コンデンサーは反対向きの反対，即ち，はじめの方向に充電されはじめる．
8) その充電は，はじめの満タン量まで回復する {図の（オ）時刻 $8T/8$，これは図の（ア）時刻 0 と同じ}．そうすると，この変化はまたまた繰り返す．結局，L と C の回路は電荷の流れを周期的に繰り返す．

14.4 電気的な単振動

このことは式 (14.2) を微分して式 (14.4) へ代入すると，単振動の式

$$\frac{d^2q}{dt^2} = -\frac{q}{LC} = -\omega^2 q \quad \boxed{14.5}$$

が得られることからも明らかである．ここで，角振動数 ω を $\sqrt{1/LC}$ とした．あるいは，式 (14.4) を微分して式 (14.2) を使って

$$\frac{d^2I}{dt^2} = \frac{1}{LC}\frac{dq}{dt} = -\omega^2 I \quad \boxed{14.6}$$

とも記せる．実際，式 (14.5) と式 (14.6) は，関係式 (14.2) を考えると

$$q(t) = q_0 \cos(\omega t), \quad I = \frac{q_0}{\omega}\sin(\omega t) \quad \boxed{14.7}$$

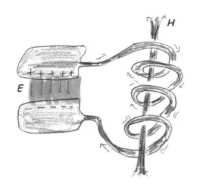

図 14.3 C での電場に蓄えられたエネルギーが，L に磁場のエネルギーに移る．それが，また，L から C へ戻ってくる

という振動解を持っている．ここで，図と合わせて，$t=0$ において，$q=q_0$ で $I=0$ とした．$q(t)$ と $I(t)$ 波の変化は $\pi/2$ (すなわち $90°$) ずれている．なお，通常使う振動数 f は $(1/2\pi)\sqrt{1/LC}$ である．周期 T は振動数 f の逆数なので $(2\pi)\sqrt{LC}$ である．(時刻 0) から (時刻 $8T/8$) までが T である．この振舞をコイル L とコンデンサー C からなる回路 (LC 回路) の電気振動という．ここで，コイルに電流という形で蓄えられるエネルギーを求めてみよう[*1)]．図 14.3 を見てほしい．

自己誘導による発生電位差 V のところへ電流 i が流れ込むので，外から (コンデンサーから) なされる仕事 ΔW は

$$\Delta W = -iV_{em}\Delta t = iL\frac{\Delta i}{\Delta t}\Delta t = iL\,\Delta i \qquad [14.8]$$

となる．ここでレンツの法則 (14.1) を用いた．これを 0 から I まで積分して，

$$W = L\int_0^I i\,di = L\left\{\frac{I^2}{2}\right\} = \frac{1}{2}LI^2 \qquad [14.9]$$

を得る．他方，そもそも電気容量 C のコンデンサーの蓄えられていた電荷量 Q のエネルギーは，式 (11.7)，(11.8) で議論したように，両端の充電電圧を V として

$$W = \frac{1}{2}QV = \frac{1}{2}CV^2 = \frac{1}{2}\frac{1}{C}Q^2 \qquad [14.10]$$

であった．

すなわち，C に蓄えられた電界のエネルギーが電荷の流れによってコイル L へ移動し，それに伴う，磁界のエネルギーに変わっている．電気振動とは，電界のエネルギーと磁界のエネルギーの交替現象とも言える．

14.4.1 力学との対応

ここで，力学でバネ定数 k に結びつけられた質量 m の振動系を考えてみよう．式

[*1)] 3.1.2 節で示した定積分である．電流による微小な仕事 ΔW を計算し，それを寄せ集めるという手法である．

で表すと，力学の章で示したように

$$m\frac{d^2x}{dt^2} = -kx \qquad (14.11)$$

となっている．式 (14.5) と式 (14.11) を比較すると，座標 x が電荷 q であって，質量 m が電気容量 C，バネ定数 k の逆数 ($1/k$) がリアクタンス定数 L に対応している．また，質点の動く速さ v が電流に対応していることも明らかである．

力学においても「慣性」の法則によって，質量の大きなものは外部の力による変化に反抗する．動かそうとすると，なかなか動かない．動いているものを止めようとしても，なかなか止まらない．そして，力学的な振動が，ポテンシャルエネルギーと運動エネルギーとの交替現象であることを言っている．重りを引っ張って考えてみよう．振り出しとは逆の位置まで上がって止まるはずである．そして，もとの位置にもどってきて，1 周期である．

14.4.2 LC 回路の共鳴

前節の議論は，この電気回路において，何らかの振動共鳴が起こっていることを意味している．それは，コンデンサーの電極間の電圧，またはコイルを流れる電流が角振動数 ω での単振動をしている．このような，振動的な電流を交流という．振動数 ν のことを周波数ともいい，f で表す場合もある．ただし，

$$f = \nu = \frac{\omega}{2\pi} \qquad (14.12)$$

である．

14.5　C と L を小さくしていった極限——真空の励起へ

さて，その振動数は積 LC の平方根に反比例している．ところが，コイルの L もコンデンサーの C も形状が小さくなると，小さくなる——これはとても不思議なことである——なぜ不思議かというと，例えば $1\,\mu\mathrm{m}$ のコイルとかコンデンサーとか人間が認識出来ないほど小さくなって単なる「金属の断片」になったら，極めて高い電気振動が起こることを意味している．「あまりに小さくて振動が不可能になる」という「常識的予想」に反している．ここで，大切なことは，コイルとかコンデンサーという「金属断片」の区分けよりも，キャパシタンス定数 C における電界 E の変化が磁界 H 生み，その磁界 H のインダクタンス定数 L における変化が新たな電界 E を生むという相互励起の性質である．

凄いことに，この性質を「真空」という空間が機能として引き継いでいる．実際，14.4 節で示したようにコンデンサー C とコイル L には，電場と磁場が交互に発生している．極限的に小さな C, L でも，それが可能ということは，電場と磁場が交互に発生する性質が重要であって，それを真空が持っていることを強く示唆している．図

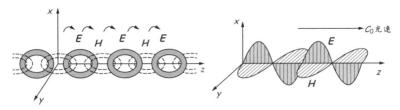

図 14.4 電磁波の発生するイメージ．電場の変動が磁場を生み，磁場の変動が電場を生む．このような相互の刺激によって，電気的なエネルギーが減衰することなく伝わって行く．

14.4 を見てほしい．真空にはあらゆる振動数に対しても電場と磁場を交互に発生させる性質がある．

この，真空における電界 E と磁界 H の交替的な発生の伝わりが電磁波である．それは 30 万 km/s＝3.0×10^8 m/s という速さを持っている．この値は，電磁気学の基本定数であるが，実は，「真空」というものの性質である．ここで，振動数 f は，光速 c を波長 λ で割ったもの，

$$f=\frac{c}{\lambda} \qquad (14.13)$$

である．電磁波について振動数，波長，名称，用途および関連事項の表を図 14.5 に載せておく．ラジオ放送は 1 MHz＝1000 KHz＝10^6 Hz 程度の電磁波（電波）であり，波長は 300 m である．携帯電話での送信受信に使っている電磁波は 800 MHz＝8×10^8 Hz から 1.2 GH＝1.2×10^9 Hz であり，波長は 37.5 cm から 25 cm である．なお，電子レンジで使われている電磁波の振動数は，2.45 GHz で波長 12.2 cm である．現代の生活では日常的に電磁波実験をしていると言える．

14.6　変位電流

ここで，11 章で電気容量 C のコンデンサーに電圧 V で与えられた式 (14.11) の $CV/2$ のエネルギーは極板間の媒質（真空も含む）に蓄えられているとみなせる，と言ったが，上記の議論から，コンデンサーに激しく正負が入れ替わる振動数の大きな交流電圧（高周波電圧という）を与えると，その蓄えられているエネルギーが真空中に出てきて伝搬するというイメージが描けるであろう．図 14.6 を見てほしい．その場合，コンデンサーの極板間には，常に激しく入れ替わる交流電流（高周波電流という）が流れているという表現が適切になってくる．その激しく向きを変えて極板間を流れている電流を「変位電流」という．電磁波はそれが真空中に出てきてエネルギーの「玉」を作ったものである．ここで，「玉」とはある領域にエネルギーが閉じ込められていることを示している．この玉は電場の変化を作るため，実効的な「電流」の

振動数	波長	名称		用途・関連事項	
1kHz (10^3Hz)	100km	電波	超長波 (VLF)	海中での通信	
10kHz (10^4Hz)	10km		長波 (LF)	航空・船舶用の無線標識, 電波時計	
100kHz (10^5Hz)	1km		中波 (MF)	AMラジオ放送	
1MHz (10^6Hz)	100m				3MHz
10MHz (10^7Hz)	10m		短波 (HF)	短波ラジオ放送, 非接触ICカード	30MHz
100MHz (10^8Hz)	1m		超短波 (VHF)	FMラジオ放送	300MHz
1GHz (10^9Hz)	100mm	マイクロ波	極超短波 (UHF)	携帯電話, テレビ放送, 無線LAN, 全地球測位システム (GPS), 電子レンジ	3GHz
10GHz (10^{10}Hz)	10mm		センチ波 (SHF)	衛星放送, ETC, 無線LAN, 船舶用レーダー, 気象用レーダー	30GHz
100GHz (10^{11}Hz)	1mm		ミリ波 (EHF)	電波天文学	300GHz
10^{12}Hz	10^{-4}m		サブミリ波	電波天文学	3THz
10^{13}Hz	10^{-5}m	赤外線		赤外線写真, 暖房 サーモグラフィー, リモコン, 自動ドア, 赤外線通信	
10^{14}Hz	10^{-6}m			可視光線　　光学機器	
10^{15}Hz	10^{-7}m				
10^{16}Hz	10^{-8}m	紫外線		蛍光灯, ブラックライト, 殺菌, 化学作用の利用	
10^{17}Hz	10^{-9}m		※1		
10^{18}Hz	10^{-10}m	X線		X線撮影(医療, 非破壊検査), X線CT, 放射線治療, 物質の構造解析	
10^{19}Hz	10^{-11}m		※1		
10^{20}Hz	10^{-12}m	γ線		食品照射(殺菌, 殺虫など), ガンマフィールド (農作物の品種改良), PET検査(がんの診断など), 放射線治療, 滅菌	
10^{21}Hz	10^{-13}m				
10^{22}Hz	10^{-14}m				
10^{23}Hz					

図 14.5 電磁波・光の振動数, 波長, 名称, 用途および関連事項.
私たちの目に見える電磁波(可視光線)はほんの一部である.
「もう一度読む数研の高校物理第2巻」(数研出版, 2012), p.217 による.

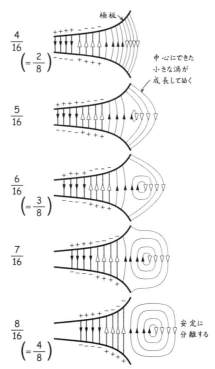

図 14.6 電磁波の発生するイメージ．実際，このように平行板コンデンサーの片方を開いた形の「送信アンテナ」も設計されている．

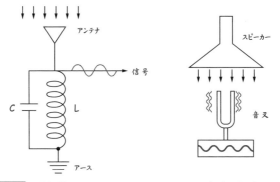

図 14.7 受信装置にはアンテナに LC 同調回路がつながっていて，ほしい信号を選択している．対応する音波の実験も載せる．音叉が「同調回路」とも言える．

働きを持ち，それが実効的な「磁場」を作る．コンデンサーとかコイルを離れても，真空のなかを，「電場」と「磁場」の交互の発生として，伝わっていく．実際，図14.6は，電磁波の発生をしめしており，実際このような形の（送信）アンテナも設計されている[*2)]．

この変位電流の考え方はマックスウエルに[*3)]より導入されたものである．マックスウエルは，これらのの概念を数学的に整理して[*4)]，マックスウエルの方程式としてまとめた．電磁気学の基礎を成す基礎方程式とされている[*5)]．

14.6.1 同調回路

14.4.2項で振動共鳴について述べたが，多くの電気的振動の中から，ある特定の振動数の信号を選び出す際にも，このLC回路が使えることを意味している．実際，図14.7の受信アンテナにLC回路をつないだものが，考えられる．これを受信装置の同調回路と呼ぶ．ラジオ受信機，携帯電話にも組み込まれている．対応する音の実験を同じ図にあげておく．いろいろな振動数を含む音をある音叉にあてておくと，音叉は自分の持っている固有振動数で鳴ることがある．これも，音波における「同調回路」とも言える．

14.7 光

ここで，10^9 Hz = 1 GHz から，十万倍振動数の大きな10^{14} Hz 程度の電磁波を考えよう．このあたりに目に見える電磁波の領域がある．可視光線である．本書では「光」と呼んでいる．光は波としての波長λが0.8μから0.4μ程度である．振動数は3.75×10^{14} Hz から 7.5×10^{14} Hz である．光の発生は，もはや，マクロな素子として，CとLの回路と呼べるような形態ではないので，発生機構は本書では触れない．しかし，電場と磁場が交互に励起されて波になって出てくる点は同じである．光の波長の違いを，我々は「色」の違いとして認識している．0.8μ付近は赤，0.4μ付近はスミレ色である．0.8μから0.4μ程度の波長の光をすべて含んでいると，我々は「白」と認識する．なお，電磁波の速さは慣習的に「光速」と呼ばれている．

[*2)] 石けん液をストローの先につけて，息で膨らませるとシャボン玉が空中に出来てゆく．しかし，ストローから離れる際に消えるものもある．リリース時の微妙なゆらぎが，問題になる．しかし，真空中への電磁波の放出は失敗がない．これも，真空の持つ優れた性質である．
[*3)] マックスウエルの専攻は流体力学である．渦の概念が自然に取り込まれているのは当然である．
[*4)] 数学では，ベクトル解析と呼ばれている．
[*5)] 電磁気学のテキストによっては，マクスウェル方程式から始まるものも多い．本書では，その式をまとめて記述することはしない．さらに勉強を進める読者には，マックスウエルの基礎方程式を積分形で理解した後，美しい微分形で整理することをすすめる．14.5節以降，数式を使わないで論じていることの数学的裏付けを学びとる試みをしてほしい．

14.8 光は横波

さて,真空を媒体として伝わる電磁波は,電場あるは磁場の方向は波の進行方向に対して垂直なので,横波である.ということは,進行方向を決めても,あと電場(あるいは磁場)を定める自由度は2つ残されている.通常,電場の自由度のことを偏光という.これについては,10章で論じた.また,この波は,電気的なエネルギーを光速で伝えていることを意味している.光は波動であると同時にエネルギーを持った「粒子」の性格も持っていることが推測される.実際,その性格は,光電効果の実験によって確かめられ,歴史的は,それが,量子力学の発見の発端の一つとなっていった.

14.9 私達の宇宙「真空」の誕生

以上の議論によって,「何も無い」はずの真空は,電気振動が容易に励起されるという機能を持っていることがわかった.しかもそれはエネルギーを運んでいる.エネルギーが運ばれるということは情報が伝わることを意味している.真空は,何も無いのは事実だけれど,何の機能も無いわけではない.そしてこの機能は無限に用意されているので,EとHの交替的励起が真空という空間を波動として伝わっていく.あたかも,「単振動の振動子」が並んでいるように考えられる.宇宙の誕生・拡大とはこのような機能を持つ「真空」の発生・拡張なのである.

15 私たちのまわりにある本当の世界?

14章では,電磁波が出てきた.また10章に続いて光も再登場した.本書の当面の目的まで達したが,最後の章では,ここからの進展を述べておこう.

15.1 回路中を流れる電子の速さ

電流を運んでいる電子の金属中での速さを求めてみよう.図15.1を見てほしい.水流と同じように考えた場合の構成要素である電子(荷電粒子)の流動速度である.すなわち,電流 I は速さ v を持った電荷 e が担っている.そして,その電荷は密度 ρ で断面積 A の導体中にある.例として,$I=10$ Amp が,断面の直径が 1 mm の金属線を流れているとする.その金属は,1 cm^3 中にアボガドロ数の 10 倍の自由電子を持っているとする.

$$I = ev\rho A \qquad [15.1]$$

から,

$$v = \frac{I}{e\rho A} \qquad [15.2]$$

を導き,数値を代入すると,なんと 0.1 mm/s 程度というとんでもなく遅い値である.センチメートルの長さを持つ回路を進むのに分という時間が必要である.こんなに遅いのは,電子が原子・分子の中をぶつかりながら動いているためである.12章の水流モデルは,理解しやすいが,よくある水車ほど速くは流れていない.電気伝導の本質からは離れているようだ.

そこで,よく説明されるのが,金属の中には電子が詰まっているので,端から電子を押し込むと,その衝撃が中を伝わって一方の端から出てくるというモデルである.

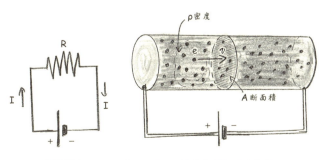

図15.1 回路を流れる電子の速さを考えてみよう.

これを検討してみよう．

この衝撃の伝わりは，電子の塊を伝わる疎密の波，つまり「音波」を意味している．空気の疎密波である音波は 300 m/s 程度の速さであるが，これは空気分子の速さが 0 m/s から 500 m/s あたりまで分布していることに起因している[*1)]．それを適用すると，電子の塊を伝わる「音波」は，電子の金属内での速さ程度であろう．ここでは，固体電子論の結果を使って，金属中では，電子は 1000 km/s 程度で伝わるという知識を使う[*2)]．

この 1000 km/s は充分に速く，日本列島を 1 秒で通過してしまう．しかし，光速の 300,000 km/s に比べると，300 分の 1 である．ところが，実験すると，電気回路では，電気は光速の 60% から 90% で伝わってしまうのである．

ここで，我々は伝わって来るものが，電子であることを確認しているわけではなく，受け取るものは電気的なエネルギーであることに気がつく．また，電子の流れ自体は電池から流れだし，電池に戻っていくので，電子の運動エネルギーというものと，消費されるエネルギーには直接の関係はない．12 章で論じたように，電子の流れがあることは電場の存在を意味している．また，13 章で示したように，電荷の流れが磁場を生む．これは，電場・磁場の組み合わせでエネルギーの移動を考えることに根拠を与える．

15.2 ポインティングベクトル

そこで，エネルギーの移動を表すベクトルを定義しよう．それをポインティング (poynting) ベクトル S といい，電場と磁場の外積で表す．図 15.2 を見てほしい．

$$S = E \times H \qquad \boxed{15.3}$$

これは 14 章での議論で明らかなように，電磁波によるエネルギーの流れを明解に表

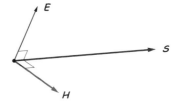

図 15.2　電場ベクトル E と磁場ベクトル H でエネルギーの流れを表すベクトル S を定義する．次元は仕事率を面積で割ったものである．

[*1)] 詳しくは，夏目雄平「やさしい化学物理」（朝倉書店）5.4 節を参照してほしい．
[*2)] 実は，電子を波の束（波束）と考えた場合の群速度である．波束の群速度については第 9 章で紹介してある．固体中の電子系のエネルギーに対応する振動数は 10^{16}/s(Hz) 程度である．この振動数の広がり $\Delta\nu$ を，原子間距離 10^{-10} m の波長に対応する波数の幅 $\Delta k = 10^{10}$/m 程度において実現している．それゆえ，群速度は $v_g = \Delta\nu/\Delta k$ m/s $= 10^{16} \times 10^{-10}$ m/s $= 10^6$ m/s $= 10^3$ km/s $= 1000$ km/s が得られる．

している．電磁波では電場 E と磁場 H は，両方とも振動により反転しながら進むので，ポインティングベクトル S は，常に波の伝わる方向になっている．なお，7，8章のエントロピー S とは異なるものである．次元は，11章で紹介したように，電場の次元が V（電圧）/m（長さ）であり，13章での議論で示したように，磁場の次元が Amp（電流）/m（長さ）であること，および Amp は1秒間に流れる電荷量であることから，

$$S \text{の次元} = \frac{V}{m} \times \frac{Amp}{m} = \frac{V \cdot C}{m^2 \cdot s} = \frac{J}{m^2 \cdot s} \qquad \boxed{15.4}$$

となる．ここで，V×C がエネルギーを表し，単位が J になっていることを使った．結局，S の大きさは，単位時間あたりに単位断面積を通過するエネルギー $J/(s \cdot m^2)$＝W/m^2 である．

電磁波の場合は当然であるが，固有振動数の小さな系，つまり波長の長い系でも同じことが言える．この固有振動数を小さくしてゆくと，波長は極めて長くなる．それが直流である．そのような極限操作を考えると，どこかで理論が破綻するとは考えられない．結局，直流でも成立する．それを，否定する材料は「直観的に受け入れられない」以外には無い．このような場合，物理学では受け入れることにしている．

実際，図15.3のように，一様な抵抗を持つ円形回路が電池につながれているとする．円形内部に電位（ポテンシャル）を考えると点線（矢印はないとする）のようになる．

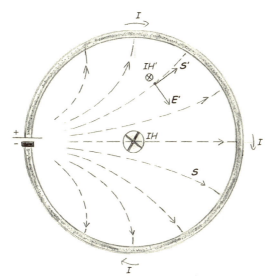

図15.3 回路があることによって電場・磁場のエネルギーが移動するという考え方．簡単のため一様な抵抗を持つ円形導線とする．電池から流れ出たポインティングベクトルはエネルギーが空間を伝わって導線に至ってジュール熱になると解釈できる．

これは「等電位線」である．この勾配の下がる方向に電場 E があると考えられる．また，回路には電流が流れているため，紙面手前から奥へ向かって磁場 H が出来ている．そこで，電場 E と磁場 H の外積であるポインティングベクトル S は，等電位線に一致し，方向としては電池から導線全体へ向かっている．これは電池の方向を反対にしても，E（等電位線の上下）と H の両方の符号が変わるので，S は不変である．そのため，電池の方向が激しく入れ替わったものとしての高い振動数の交流（高周波）電磁波の源を置いた場合についてはごく自然な考え方である．しかしながら，振動数を低くしていった極限としての直流でも破綻していない．ただし「導線が電子（電荷）を通すことで，エネルギーを運ぶ」という直観には反する．

12 章で述べた単純な直流回路でも同じであって，電子が金属導体中を流れているという記述は，全体像の把握において間違いではないが，エネルギー移動としては，電場・磁場のエネルギーが周辺の真空中に起こっているのである．そう考えるとほぼ光速で電気的エネルギーが伝わることが理解出来る[*3)]．ここにおいて，電子が流れている「回路」というものと，その周囲での電場・磁場の「エネルギー移動」は密接に関係していることがはっきりした．回路というものを包含している真空という空間の不思議さでもある．真空とは何も無い空間ではあるが，電場・磁場の「ネット」を常に用意している．

15.3 電磁気学から量子力学の世界へ

ここまで来ると，私達は，かなり量子力学へ足を踏み込みつつある．電子という粒子の存在はかなり特殊である．また，電場・磁場によるエネルギー輸送の担い手としての電磁波の波という概念も，通常の波とはかなり異なる役割を持っていることに気がつく．以下，電磁波の代表として光を使って論じる．

15.3.1 光には粒子の面もある

10 章の光に関するいろいろな実験とその解析を見ていると，光は波であることが明白なように思える．しかし，20 世紀に入って，光がエネルギーを持った粒子のような性質も持っていることがわかってきた．

a. **光電効果** これについて，科学史上，大きな転換点になった実験は，図 15.4 に描いた光電効果である．金属表面に光をあてると電子が飛び出してくるが，あてる光の振動数によって，飛び出さない場合がある．たとえ，飛び出しても，電子が持つ運動エネルギーには差異がある．これらを整理すると，光電効果が表す式は，光の振動数を ν とし，電子の質量を m，速さを v とすると，

[*3)] 光速の 60% から 90% になる理由は，真空だけでなく，「物質」があるためであるが，詳しい議論はここでは触れない．

15.3 電磁気学から量子力学の世界へ　119

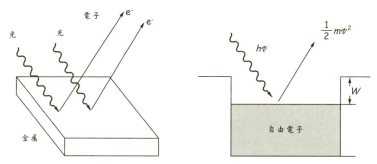

図 15.4　金属表面に光をあてると電子が飛び出す．この現象の光の振動数依存性を調べる．

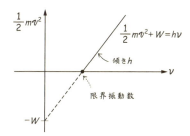

図 15.5　横軸が光の振動数，縦軸がエネルギー．ある金属における実験において，縦軸正の部分が飛び出して来る電子の運動エネルギーである．もちろん，正の部分だけが実測値であるが，グラフには負の部分もあって，その切片が仕事関数 W にマイナスを付けたものになっている．このグラフから金属特有の仕事関数 W があって，光が振動数という形で，それ以上のエネルギーを与えないと電子は出ないことがわかる．これは光がエネルギーの塊になってうて，その1つが電子1つをたたき出すことを示唆している．また，直線の勾配から h の値が定められる．

$$(ある定数) \times (振動数\ \nu) = \frac{1}{2}mv^2 + W_{\text{metal}} \qquad \boxed{15.5}$$

である．図 15.5 にグラフを示した[*4]．

つまり，金属の種類によって決まるあるエネルギー量 W があって[*5]，それ以上のエネルギーを（振動数という形で持っている）光を当てた場合のみ，電子を飛び出させることが可能になることを意味している．そこで言うエネルギーとは光の振動数（波長）によるものであって，振動数が高いほど（波長が短いほど）エネルギーは高

[*4]　金属から電子を飛び出させる方法には，熱を加えるという方法がある．極めて効率の悪い方法であるが，統計的に極めて小数の電子だけが，熱から充分なエネルギーを得て，真空中に飛び出してくる．真空管のヒーターはそれをしている．このような電子を熱電子というが，出方が違うだけで，電子にかわりはない．

[*5]　金属から電子をたたき出す際に手数料(W)が必要で，その手数料(W)は金属によって異なるという説明も出来る．

くなる．この効果では，振動数が低く（波長が長く）エネルギーが小さな光では，いくら光の強度をあげても無理なのである．

光の波の振幅が表す「強度」は，光電子が出てくるような振動数では，光電子の数を増やすのにのみ貢献する．

これから，光はエネルギーの塊という意味で「1つ」という概念が成り立ち，電子1つにのみエネルギーを与えて，飛び出させることがわかる．そこで，我々は「光子（photon，フォトン）」という言葉を使おう．

ここにおいて，上記の（ある定数）つまり，光の振動数（波長）とエネルギーを直接結びつける関係式が必要となる．それは，図 15.5 より，光電効果の実験によって，直線の勾配から h が定まり，

$$J = h\nu = \hbar\omega \qquad \boxed{15.6}$$

で与えられる．ここで，h をプランク定数という．$\hbar$ は h を 2π で割った $h/2\pi$ である．これもよく使われる．これはアインシュタインの式と言われている[*6]．

b. 光は量だけでなく質の面があることは，知られていた 晴れた日，海岸で，あるいはスキー場では，わずかな時間，日光に当たっただけで，皮膚は黒く日焼けする．ところが，ストーブの火に長時間当たっても日焼けはしない．光には，強度による総エネルギー量とは別の側面，どのような振動数（波長）の光を含んでいるかが重要な働きをするのである．このことを，人類は昔から知っていた．光子総量よりも，光子1個の粒の持つエネルギー量が大切な問題だったのである．

c. 光子を1個ずつ取り出して干渉実験をするとどうなるか？ それでは，光子の粒子性と，10章で紹介した，波として干渉性はどういうつながりがあるのだろうか？これに関しては，光の強度を弱くして，1回に光子を1個ずつ出すようにして，ヤングの干渉実験をする試みに成功した[*7]．その結果，図 15.6 の写真のように，スクリーンには光子がぶつかった点が1個ずつ現れるが，その点を多数集めると，結局，明暗の縞模様になる．

15.4.2 電子にも波の性質がある

ところが，その電荷を持つ粒子である電子も，上記の光子の干渉パターン形成という意味で波の性質があることがわかってきた．

a. 電子でヤングの干渉実験をする 実際，電子の流れ（ビーム）は電場で加速され，磁場によって曲げることが出来る．そこで，図 15.7 のように，電子線に対する実効的な「スリット」を使い2つの経路を通った（と思われる）電子をスクリーン上で重ねることが可能である．この実験でも，電子は1個ずつ「2つの経路を通って」，

[*6] アインシュタインは光電効果の理論付けへの評価によってノーベル物理学賞を得た．
[*7] 浜松ホトニクス（株）のグループである．髙橋・青島・浦上・竹森・平野・土屋，『光学』第 20 巻 2 号（1991）p.108

15.3 電磁気学から量子力学の世界へ　121

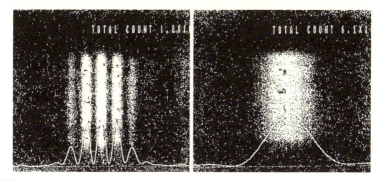

図 15.6 光子を 1 個ずつスリットにあてて，ヤングの干渉実験を行う．白い点が光子のあたった点である．光子が 2 つ以上になっている確率は 1% である．点の 99% は光子 1 個である．左が 2 重のスリットの場合で，右が片方のスリットを閉じた場合．光子 1 個について，1 点が光るが，その積み重ねは干渉模様になっている．いつの光子がどこを光らせるかは人間は操作出来ない[*7]．

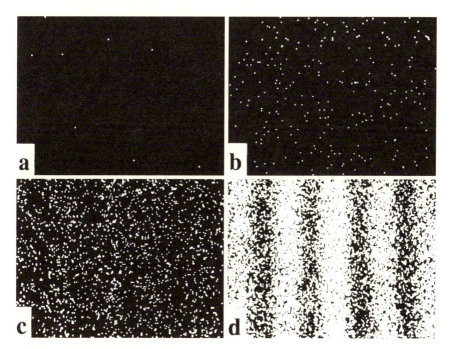

図 15.7 電子を 1 個ずつスリットにあてると，はやり，ヤングの干渉模様が出来る．白い点は電子のあたった点である．時間とともに a→b→c→d と変わってゆく．この場合も，いつの電子がどこを光らせるかは人間は操作出来ない[*8]．

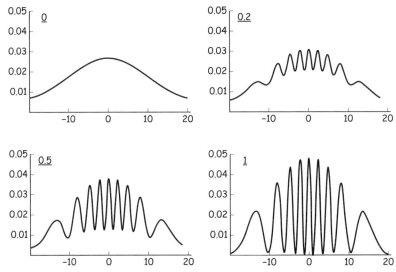

図15.8 電子がどちらのスリットを通過したかを観測する検出率によって模様は変わってゆく．図は理論計算である．観測が完全に成功すると，「玉」が中央に溜まっただけのパターンになって，干渉模様は完全に消える．ここで，図中のパラメータは，$\sqrt{1-(一方のスリットでの検出率)}\cdot\sqrt{1-(もう片方のスリットでの検出率)}$ である．両者とも完全な検出の場合はゼロ，両者とも完全に検出しない場合は1である．この図は，小出功史「量子力学における観測問題の現状」物性研究，58巻（1992）p.418から引用した．

スクリーン（検出器）にぶつかる．このスクリーン（検出器）上の点を集めると，やはり干渉模様が出来る[*8)]．

b. どちらのスリットを通ったか観測すると 次に同じ装置で，電子がどちらのスリットを通ったかを観測することを考える．しかも，その観測は不完全な場合もありうるので，完全に失敗する場合から，ある確率で成功する場合，完全に成功する場合に分けてみる．すると，図15.8のように，干渉模様はだんだんと消えていくことになる[*9)]．観測が完全に成功すると，電子は，あたかも粒子として振る舞っている．電子の位置の観測をすすめていくと，電子ビームの波動的性質をなくすのである．

15.4 物の在り方

実は，この波と粒子の2面性は，光子と電子のみならず，原子・分子のような他の

[*8)] A. Tonomura et. al. Am. J. Phys., Vol. 57 p.117（1989）．実効的な「スリット」とは電子線バイプリズムである．
[*9)] K. Koide and Y.Toyozawa；J. Phys. Soc. Jpn, Vol. 62（1993）p.3395.

15.4 物の在り方

粒子もそのように振る舞うことが，量子力学の進展とともにわかってきた．

その場合，粒子としての運動量の大きさ p と波としての波長 λ の間には

$$p = \frac{h}{\lambda} \qquad \boxed{15.7}$$

の関係がある．質量 m を持って速さ v で動いている粒子の運動量は mv なので，

$$\lambda = \frac{h}{mv} \qquad \boxed{15.8}$$

とも記せる．

このような，拡張された波の概念を「物質波」と呼んでいる．ド・ブローイによって提案された．今から百年前の1920年代のことであり，物理学は古典的世界から量子的世界へと大きな変革を遂げた[*10]．

現在では，炭素原子が60個集まった C_{60} という分子でも，干渉効果が見れるようになっている[*11]．

このようにして，我々は，物の在り方の多面性を認めるに至っている．すなわち，私達の観測装置設定・観測時の成功確率のような観測条件に応じて，物の在り方は変わってゆくと考えるべきだという考えに至ったのである．観測行為を前提としないで「観測していない時にどうなっているか？」という問いかけには答えられないのである．それが，我々の理解の本質なのである．確固たるマクロ概念としての物質存在の持つ意義を否定するわけではないが，これが，量子力学の基本概念であり，身のまわりにある本当の世界なのである．

[*10] このあたり多くの量子力学のテキストに書かれているが，本書では，ポンティングベクトルの導入という電磁気学の果たした先駆的な考えが重要な役割を果たしたという面を強調した．

[*11] 文献：Markus Arndt , Olaf Nairz, Julian Voss-Andreae, Claudia Keller,Gerbrand van der Zouw, and Anton Zeilinger "Wave-particle duality of C60", Nature 401, 680-682, 14. October 1999 (1999)

あとがきにかえて
文献と動画サイトの紹介

　本書の記述には，実は，矛盾点がかなりある．例えば，オームの法則を，水流とポンプで説明しているのに，15章で，それは妥当でないと言っている．これは物理学による理解（表現方法）の進歩した結果である．「やさしく説明しよう」と言いながら，15章などでは，いまの段階ではかなり高度な内容まで進んでいる．ともかく，半年15コマの講義で伝えられる内容としては，「せいいっぱい」書いたつもりである．ここからは，読者が，熱意を持って，学習を進めてほしい．そのための参考文献を紹介したい．

　まず，物理学全般をコンパクトにまとめた解説書を5冊あげる．もちろん他にも名著が沢山あり，各章の項目に特化した力作も多いことは言うまでもない．

1) 小出昭一郎『物理学　三訂版』（裳華房，1997）
　物理学の全分野を1冊にまとめた本として，このレベルにおいて，これにまさる本は見つけにくい．ただし，400ページを越え，1年間30コマ分以上のボリュームがある．また，テレビ画面をブラウン管として扱っているなど，どうしても題材が古くなっていることは避けられない．誘導起電力の説明で「原因となる電場が保存力でない形態で存在する」という含蓄のある著者一流の言い回しが出てくる点では，初学者はとまどうのではないか，と心配になる箇所もあると思う．ともかく，本書は，この本の基本理念を尊重し，内容を現代的にして，初学者向けに，半年15コマの講義ノートにすることを目指したとも言える．

2) 渡辺久夫『親切な物理』（正林書林，1983）
　高校時代にこの本の初版（1冊）に出会ったことが，私の物理屋としての生き方を決めたとも言える．「もはや，売っていない」と思っていたが，40年以上に渡って七訂版まで出され，最近では復刊ドットコムから2003年刊行された復刻盤（2冊もの）が刷を重ねているのには驚く．綿密な記述の大学受験参考書という範疇を越えたロマンともいえる香がある．

3) 上村　洸，潮　秀樹『やさしい基礎物理　第2版』（森北出版，2014）
　2色刷りの工夫された図が特徴．波動と光の章などの写真も興味深い労作である．本書と狙いがかなり重なるが，200ページを超える濃密な内容であり，取り上げる項目も多く，より上級者向けと言える．15コマの講義用としては，内容の選択が必要と思われる．

4) 数研出版編集部編『もういちど読む数研の高校物理』（数研出版，2012，1・2巻とも）
　教科書的であって，項目がもれることなく網羅してあって便利である．ただし，字数制限のため，説明文は省略が多いという印象を持つ．著者は10人らしいが，編集者との関連も含め，どの部分をどなたが書いたかわからない．本書で詳細に触れることが出来なかった，

ドップラー効果，交流回路など，内容の充実さを実感する箇所も多いだけに，残念である．

5) Serway R.A. and Jewett J. "Physics for Sientists and Engineers with Modern Physics, 9th ed." (Brooks/ColeCengateLearning, 2013)

アメリカの底力を感じさせるテキストである．1500ページを超える大作である．講義をするとしたら60コマになるであろう．それを考えると唖然とするが，大学において，テキストに採用できる条件が整っているとしたら，羨ましい限りである．本書では，9.7節で，2つの波のうなりから群速度の概念を説明するところで，この本の手法を使った．

次に，最後の15章に関連したものを3件あげておく．

6) 高橋秀俊『電磁気学第10版』（裳華房，1996）

本書の117頁にある図15.3は，筆者が受講して記録した講義ノートから描いたものであるが，この本にも同様な図がある．なお，高橋秀俊，藤村靖『高橋秀俊の物理学講義—物理学汎論』（丸善出版，1990）も参考にした部分が多い．高橋氏は物理学の基礎と「電気回路」の関係を描ききれる貴重な存在である．

7) Gregory G. "Inventing Reality——Physics as Language" (John Wiley&Sons, 1990)
　　（邦訳：，亀淵迪訳『物理と実在——創り出された自然像』丸善出版，1993）

訳者は，大学の文科系学生に対する一般教養の物理学の講義に使ってほしいと言っている．実際，物理学は究極の文系科目である「言語学」であると感じる．

8) 今井功『新感覚物理入門』（岩波書店，2003）

電磁気学全体を「電磁ネット」という考え方で説明している．本書の図15.3（p.117）も円環のある空間全体が「電磁ネットで覆われる」ことになる．電磁波も「電磁ネット」の動きで説明している．ただし「電磁ネットはそれを構成する各力線がすべて光速で運動するわけではない．電磁ネットの本体は静止し続ける一方で，前面では新しく網の面が作られ，後面で網の面が消失するため，電磁ネットが全体として光速で運動するように見えるだけの話なのである」という記述があって，氏の「ミクロは実在，マクロは仮想」という天才的概念が露わになっている．氏の才能が煌めくようなイメージを基礎教育にそのまま使うべきかどうかという点においては，議論の残るところである．そのあたりの「仲介者」として本書の意義があると考えている．

最近は，Web上でいろいろな動画，写真，図などが見られる．「著者」である「夏目雄平」で検索して見ることのできる，主な動画を紹介したい．

9) 水についての実験
　　千葉大学講義紹介2013
　　https://www.youtube.com/watch?v=SfcR0L8vXOY　17分15秒

10) 蜃気楼実験
　　サイエンスアゴラ2014での主催者による記録
　　https://www.youtube.com/watch?v=Px9Mq3diYMA　9分33秒

千葉大学講義紹介 2014
https://www.youtube.com/watch?v=68bxj9-ubjQ　14 分 31 秒
信毎読者サイト TV（信濃毎日新聞社）「蜃気楼実験」
https://nano.shinmai.co.jp/news/nanochantv_detail/?id=368　1 分 03 秒
愛 TV ながのこんにちは市役所 2013（長野市）
http://itv-nagano.com/contents/2013 夏目雄平先生の実験講演会　6 分 08 秒

11）ファラデーモーターの実験
千葉大学講義紹介 2014（エネルギー・環境問題への基礎科学の視座）
https://www.youtube.com/watch?v=eWSVZJ3JpGU　19 分 44 秒
著者によるアップロード（youtube 2014）
https://www.youtube.com/watch?v=D8Cu-KdhVlc　2 分 21 秒（高速動画）

まだまだ紹介できるのだが，web の記述はあまりに多いので，今回はここまでとしたい．読者のさらなる理解の一助となれば，著者として喜ばしいかぎりである．

索　引

あ　行

アインシュタインの式　120
アース　88
圧力　6
アノード　90
アボガドロ数　47
アルキメデスの原理　43

勢い　24
異常屈折　75
陰極　90

うなり　70
運動　8
運動方程式　13
運動量　24
運動量保存の法則　26

エネルギー　16
LC回路　109
円運動　12
円環電流　98
エントロピー　56,57,93
エントロピー増加過程　63

オシロスコープ　21
音　69
オームの法則　91
温度　1,47
音波　116

か　行

外積　31
回折　73
回路　105
角運動量　29
加速度　9
カソード　90

荷電粒子　101,115
カルノーサイクル　59,62
還元電極　90
干渉　77
干渉性　120
慣性　15,103
慣性質量　15
慣性モーメント　34

気圧　42
気体　47
起電圧　89
キャパシタンス係数　106
強制的発生電圧　89,102
共鳴　69
金属　84,89
金属原子　5

屈折　74
クーロン力　6,82
群速度　72

撃力　26
結晶　5,89
弦　67
原子　4

光子　120
光速　113
剛体　32
剛体極限　41
光電効果　118
勾配　18
交流　105
コンデンサー　85,95

さ　行

最終速度　14
酸化電極　90
散乱　76

磁荷　97
磁界　97
示強的変数　3
次元　1
自己インダクタンス係数　104
自己誘導　104
磁石　38
磁束密度　99
質点　8
質量　4
時定数　96
磁場　99
重心の運動　25
終端速度　14
充電　83
自由膨張　51
重力定数　4
ジュール熱　92
準静的過程　50
示量的変数　3
蜃気楼　75
真空　65, 109, 114

水圧　43

正極　90
静止摩擦　23
静電気　82
静電遮蔽　88
接線成分　10
絶対温度　48

相互コンダクタンス係数　104
相互誘導　103
相対運動　25
速度　8
速度ベクトル　9

た　行

大気　42
対数化　58
多重定積分　29
多体系　27
多粒子系　27
単位　1
単振動　15, 18, 66, 107

弾性体　39
弾性力　6
断熱過程　53
断熱変化　54

直線等加速度運動　12
直列　86, 94

つり合い　14

定圧変化　52
抵抗率　91
定積分　20
定積変化　52
電位　84
電荷　4, 82
電界　84
電気　82
電気振動　105
電気素量　82
電気分解　90
電球　95
電気容量　85, 106
電磁波　73
電磁誘導　101
電束密度　87
電池　89
電場　84
電波　110

等温変化　55
等温膨張　56
透磁率　99
同調回路　113
等方的に働く力　6
動摩擦　23
特殊ユニタリ群　80
ドップラー効果　69

な　行

内積　31
内部エネルギー　50
波　65

2次元球座標　36
2体衝突　26

2体問題　24

熱溜　55
熱力学第1法則　52
熱力学第2法則　49

は 行

剥離帯電　82
パスカルの法則　43

光　73,113
比熱　52
微分　9
微分方程式　12
表面張力　44

負極　90
フックの法則　40
プランク定数　120
振り子　35
浮力　43
フレミング左手の法則　101
分散　76

平衡状態　49
並列　86,94
べき　55
べき関数　78
ベクトル　8,11
ヘリシティ　80
変位電流　110
偏光　79

ホイヘンスの原理　70,73
ポインティングベクトル　116
法線成分　10
放電　83
保存力　18

ポテンシャル　16
ホドグラフ　10

ま 行

摩擦　14,22
摩擦電気　82
マックスウエルの方程式　113
回り込み成分　10

水　87

モーター　100
モーメント　29,32

や 行

ヤングの干渉実験　77,120
ヤング率　40

誘電分極　86
誘電率　87

陽極　90

ら 行

乱反射　79

力学　7
リサージュ図形　21
理想気体　48,55
流体　41
量子力学　118

連続体の重心　28
レンツの法則　103

ローレンツ力　99

Memo

著者略歴

夏目 雄平(なつめ ゆうへい)

1946 年　長野県に生まれる
1975 年　東京大学大学院理学研究科博士課程修了，理学博士
現　在　千葉大学名誉教授，グランドフェロー

主な著書

『計算物理Ⅰ』『計算物理Ⅱ』『計算物理Ⅲ』(基礎物理学シリーズ：いずれも朝倉書店 2002 年)，『やさしい化学物理』(朝倉書店，2010 年)，「群論」(広中平祐編『現代数理科学事典　第 2 版』所収，丸善出版，2009 年)．ほか．

やさしく物理
―力・熱・電気・光・波―

定価はカバーに表示

2015 年 5 月 25 日　初版第 1 刷

著　者　夏　目　雄　平
発行者　朝　倉　邦　造
発行所　株式会社　朝　倉　書　店
　　　　東京都新宿区新小川町 6-29
　　　　郵便番号　162-8707
　　　　電話 03(3260)0141
　　　　FAX 03(3260)0180
　　　　http://www.asakura.co.jp

〈検印省略〉

© 2015〈無断複写・転載を禁ず〉

真興社・渡辺製本

ISBN 978-4-254-13118-5　C 3042　　Printed in Japan

JCOPY　〈(社)出版者著作権管理機構 委託出版物〉

本書の無断複写は著作権法上での例外を除き禁じられています．複写される場合は，そのつど事前に，(社)出版者著作権管理機構(電話 03-3513-6969，FAX 03-3513-6979，e-mail: info@jcopy.or.jp)の許諾を得てください．

前千葉工大 大沼　甫・千葉工大 相川文弘・千葉工大 鈴木　進著	大学理工系の初学年生のために高校物理からの連続性に配慮した教科書。〔内容〕物体の運動／力と運動の法則／運動とエネルギー／気体の性質と温度，熱／静電場／静磁場／電磁誘導と交流／付録：次元と単位，微分／ラジアンと三角関数／他
はじめからの物理学 13089-8　C3042　　　　A 5 判 216頁 本体2900円	
山口大 嶋村修二・山口大 萩原千聡編著	物理学の基礎としての「波動」「光」「熱」の入門テキスト。〔内容〕波／波の反射，固有振動／分散／群速度／電子波／光と波動／幾何光学／光子／熱と熱力学／熱力学第1法則／理想気体／熱力学第2法則／熱平衡状態／ミクロの世界と熱力学
基　礎　物　理　学 ―波動・光・熱― 13071-3　C3042　　　　A 5 判 212頁 本体3500円	
静岡大 増田俊明著	直感的な図と高校レベルの数学からスタートして「応力とは何か」が誰にでもわかる入門書。〔内容〕力とベクトル／力のつり合い／面に働く力／体積力と表面力／固有値と固有ベクトル／応力テンソル／最大剪断応力／2次元の応力／他
は　じ　め　て　の　応　力 13104-8　C3042　　　　A 5 判 160頁 本体2700円	
前横国大 栗田　進・前横国大 小野　隆著 基礎からわかる物理学 1	理学・工学を学ぶ学生に必須な力学を基礎から丁寧に解説。〔内容〕質点の運動／運動の法則／力と運動／仕事とエネルギー／回転運動と角運動量／万有引力と惑星／2 質点系の運動／質点系の力学／弾性体の力学／流体の運動／波動
力　　　　　　　　　　学 13751-4　C3342　　　　A 5 判 208頁 本体3200円	
福岡大 守田　治著	理工系全体対象のスタンダードでていねいな教科書。〔内容〕序／運動学／力と運動／慣性力とエネルギー／振動／質点系と剛体の力学／運動量と力積／角運動量方程式／万有引力と惑星の運動／剛体の運動／付録
基　礎　解　説　力　学 13115-4　C3042　　　　A 5 判 176頁 本体2400円	
青学大 秋光　純・芝浦工大 秋光正子著	理工系学部初年度の学生のため，長年基礎教育に携わる著者がやさしく解説。例題・演習を中心に全 4 編14章をまとめ，独習でも読み進められるよう配慮。〔内容〕力学のための基礎数学／質点の力学／質点系の力学／剛体の力学
基　礎　の　力　学 13099-7　C3042　　　　B 5 判 144頁 本体2800円	
前兵庫県大 岸野正剛著 納得しながら学べる物理シリーズ 2	物理学の基礎となる力学を丁寧に解説。〔内容〕古典物理学の誕生と力学の基礎／ベクトルの物理／等速運動と等加速度運動／運動量と力積および摩擦力／円運動，単振動，天体の運動／エネルギーとエネルギー保存の法則／剛体および流体の力学
納得しながら基　礎　力　学 13642-5　C3342　　　　A 5 判 192頁 本体2700円	
戸田盛和著 物理学30講シリーズ 1	力学の最も基本的なところから問いかける。〔内容〕力の釣り合い／力学的エネルギー／単振動／ぶらんこの力学／単振子／衝突／惑星の運動／ラグランジュの運動方程式／最小作用の原理／正準変換／断熱定理／ハミルトン-ヤコビの方程式
一　般　力　学　30　講 13631-9　C3342　　　　A 5 判 208頁 本体3800円	
東大 山﨑泰規著 基礎物理学シリーズ 1	現象の近似的把握と定性的理解に重点をおき，考える問題をできる限り具体的に解説した書〔内容〕運動の法則と微分方程式／1 次元の運動／1 次元運動の力学的エネルギーと仕事／3 次元空間内の運動と力学的エネルギー／中心力のもとでの運動
力　　　　学　　　　　Ⅰ 13701-9　C3342　　　　A 5 判 168頁 本体2700円	
農工大 佐野　理著 基礎物理学シリーズ12	連続体力学の世界を基礎・応用，1 次元～3 次元，流体・弾性体，要素変数の多い・少ない，などの観点から整然と体系化して解説。〔内容〕連続体とその変形／弾性体を伝わる波／流体の粘性と変形／非圧縮粘性流体の力学／水面波と液滴振動／他
連　続　体　力　学 13712-5　C3342　　　　A 5 判 216頁 本体3500円	

横国大 君嶋義英著
基礎からわかる物理学2
熱　　　力　　　学
13752-1　C3342　　　　A 5 判 144頁 本体2500円

理工学を学ぶ学生に必須な熱力学を基礎から丁寧に解説。豊富な演習問題と詳細な解答を用意。〔内容〕熱と分子運動／熱とエネルギー／理想気体の熱力学／カルノーサイクルと熱力学の第2法則／熱サイクルとエンジン／蒸気機関と冷凍機

戸田盛和著
物理学30講シリーズ 4
熱　現　象　30　講
13634-0　C3342　　　　A 5 判 240頁 本体3700円

熱の伝導，放射，凝縮等熱をとりまく熱力学からていねいに展開していく。〔内容〕熱力学の第1，2法則／エントロピー／熱平衡の条件／ミクロ状態とエントロピー／希薄溶液／ゆらぎの一般式／分子の分布関数／液体の臨界点／他

戸田盛和著
物理学30講シリーズ 5
分　子　運　動　30　講
13635-7　C3342　　　　A 5 判 224頁 本体3600円

〔内容〕気体の分子運動／初等的理論への反省／気体の粘性／拡散と熱伝導／熱電効果／光の散乱／流体力学の方程式／重い原子の運動／ブラウン運動／拡散方程式／拡散率と易動度／ガウス過程／揺動散逸定理／ウィナー・ヒンチンの定理／他

横国大 君嶋義英・横国大 蔵本哲治著
基礎からわかる物理学3
電　磁　気　学
13753-8　C3342　　　　A 5 判 192頁 本体2900円

電磁気学を豊富な例題で丁寧に解説。〔内容〕電荷とクーロンの法則／静電場とガウスの法則／電位／静電エネルギー／電気双極子と誘電体／導体と静電場／定常電流／電流と静磁場／電磁誘導とインダクタンス／マクスウェル方程式と電磁波

前東大 清水忠雄著
基礎物理学シリーズ 9
電　磁　気　学　Ⅰ
　　―静電気学・静磁気学・電磁力学―
13709-5　C3342　　　　A 5 判 216頁 本体3000円

初学者向けにやさしく整理した形で明解に述べた教科書。〔内容〕時間に陽に依存しない電気現象：静電気学／時間に陽に依存しない磁気現象：静磁気学／電場と磁場が共にある場合／物質と電磁場／時間に陽に依存する電磁現象：電磁力学／他

前東大 清水忠雄著
基礎物理学シリーズ 10
電　磁　気　学　Ⅱ
　　遅延ポテンシャル・物質との相互作用・量子光学
13710-1　C3342　　　　A 5 判 176頁 本体2600円

現代物理学を意識した応用的な内容を，理解しやすい流れと構成で学べるテキスト。〔内容〕マクスウェル方程式の一般解／運動する電荷のつくる電磁場／ローレンツ変換に対して共変な電磁場方程式／電磁波と物質の相互作用／電磁場の量子力学

戸田盛和著
物理学30講シリーズ 6
電　磁　気　学　30　講
13636-4　C3342　　　　A 5 判 216頁 本体3800円

〔内容〕電荷と静電場／電場と電荷／電荷に働く力／磁場とローレンツ力／磁場の中の運動／電気力線の応力／電磁場のエネルギー／物質中の電磁波／分極の具体例／光と電磁波／反射と透過／電磁波の散乱／種々のゲージ／ラグランジュ形式／他

前兵庫県大 岸野正剛著
納得しながら学べる物理シリーズ 3
納得しながら 電　磁　気　学
13643-2　C3342　　　　A 5 判 216頁 本体3200円

基礎を丁寧に解説〔内容〕電気と磁気／真空中の電荷・電界，ガウスの法則／導体の電界，電位，電気力／誘電体と静電容量／電流と抵抗／磁気と磁界／電流の磁気作用／電磁誘導とインダクタンス／変動電流回路／電磁波とマクスウェル方程式

大阪大学光科学センター編
光　科　学　の　世　界
21042-2　C3050　　　　A 5 判 232頁 本体3200円

光は物やその状態を見るために必要不可欠な媒体であるため，光科学はあらゆる分野で重要かつ学際性豊かな基盤技術を提供している。光科学・技術の幅広い知識を解説。〔内容〕特殊な光／社会に貢献する光／光で操る・光を操る／光で探る

東大 大津元一監修
テクノ・シナジー 田所利康・東工大 石川 謙著
イラストレイテッド 光　の　科　学
13113-0　C3042　　　　B 5 判 128頁 本体3000円

豊富なカラー写真とカラーイラストを通して，教科書だけでは伝わらない光学の基礎とその魅力を紹介。〔内容〕波としての光の性質／ガラスの中で光は何をしているのか／光の振る舞いを調べる／なぜヒマワリは黄色く見えるのか

前千葉大 夏目雄平著	分子運動や化学平衡など，化学で扱われる諸現象を，物理学者の視点で平易に解説。〔内容〕理想気体／熱力学／エントロピー／カルノーサイクル／分子運動／1成分系／電池と電解質／電気伝導／化学ポテンシャル／平衡／触媒／表面張力／ぬれ
やさしい化学物理 ―化学と物理の境界をめぐる―	
14083-5 C3043　　　　A 5 判 164頁 本体2800円	

前千葉大 夏目雄平・前千葉大 小川建吾著	数値計算技法に止まらず，計算によって調べたい物理学の関係にまで言及〔内容〕物理量と次元／精度と誤差／方程式の根／連立方程式／行列の固有値問題／微分方程式／数値積分／乱数の利用／最小2乗法とデータ処理／フーリエ変換の基礎／他
基礎物理学シリーズ13	
計　算　物　理　Ⅰ	
13713-2 C3342　　　　A 5 判 160頁 本体3000円	

前千葉大 夏目雄平・千葉大 植田　毅著	実践にあたっての大切な勘所を明示しながら詳説〔内容〕デルタ関数とグリーン関数／グリーン関数と量子力学／変分法／汎関数／有限要素法／境界要素法／ハートリー－フォック近似／密度汎関数／コーン－シャム方程式と断熱接続／局所近似
基礎物理学シリーズ14	
計　算　物　理　Ⅱ	
13714-9 C3342　　　　A 5 判 176頁 本体3200円	

夏目雄平・小川建吾・鈴木敏彦著	磁性体物理を対象とし，基礎概念の着実な理解より説き起こし，具体的な計算手法・重要な手法を詳細に解説〔内容〕磁性体物性物理学／大次元行列固有値問題／モンテカルロ法／量子モンテカルロ法：理論・手順・計算例／密度行列繰込み群／他
基礎物理学シリーズ15	
計　算　物　理　Ⅲ ―数値磁性体物性入門―	
13715-6 C3342　　　　A 5 判 160頁 本体3200円	

英国クイーンズカレッジ K.ギップス著 前上智大 笠　耐訳	30人の生徒を物理の授業に惹きつける秘訣は？「ゆかいな物理実験」を使うこと。30年間の物理の授業で体得した興味深く楽しい600のアイデアをすべての現場教師に贈る。〔内容〕一般物理学／力学／波と光／熱物理学／電磁気学／現代物理学
ゆ か い な 物 理 実 験	
13084-3 C3042　　　　A 5 判 288頁 本体4200円	

東京理科大学サイエンス夢工房編	実験って面白い！身近な道具やさまざまな工夫で不思議な物理ワールドを体験する。イラスト多数〔内容〕力とエネルギーを実験で確かめよう／熱ってなあに？／静電気で驚こう／単振動／磁界／光の干渉・屈折／電磁誘導／交流と電波／電流／他
楽 し む 物 理 実 験	
13090-4 C3042　　　　B 5 判 144頁 本体2900円	

比企能夫・仁平　猛・小澤　哲・高橋東之著	大学・高専学生向けの平易な解説の物理実験書。実験心得，基礎測定〔実験技術の習得〕，テーマ別実験〔実験を通して物理を理解する〕で構成。とかく無味乾燥に陥りやすい物理実験が，学生が自発的かつ目的を明確にして学べるよう工夫
物 理 実 験 コ ー ス	
13054-6 C3042　　　　A 5 判 184頁 本体3500円	

東京理科大学安全教育企画委員会編	本書は，主に化学・製薬・生物系実験における安全教育について，卒業研究開始を目前にした学部3〜4年生，高専の学生を対象にわかりやすく解説した。事故例を紹介することで，読者により注意を喚起し，理解が深まるよう練習問題を掲載。
研究のためのセーフティサイエンスガイド ―これだけは知っておこう―	
10254-3 C3040　　　　B 5 判 176頁 本体2000円	

前お茶の水大 太田次郎総監修 前日赤看護大 山崎　昶編訳	理科全般にわたる基本用語約3000を1冊にまとめた辞典。好評シリーズ「図説 科学の百科事典」の「用語解説」の再編集版。物理・化学・生物・地学という高校レベルの理科基本科目から，生態学・遺伝といった分野までの用語を50音順に収録。関連図版も付す。これから理科を本格的に学ぼうという高校生の学習にも有用なコンパクトな辞典。教員やサイエンスコミュニケーターなど，広く理科教育にかかわる人々や，学校図書館・自然系博物館などの施設に必備の1冊。
カラー図説 理 科 の 辞 典	
10225-3 C3540　　　　A 4 変判 260頁 本体5600円	

上記価格（税別）は2015年4月現在